Haithem Ben Chikha

Turbo-Codage Distribué pour les Réseaux Coopératifs

AF196528

Haithem Ben Chikha

Turbo-Codage Distribué pour les Réseaux Coopératifs

Étude et Amélioration

Presses Académiques Francophones

Impressum / Mentions légales
Bibliografische Information der Deutschen Nationalbibliothek: Die Deutsche Nationalbibliothek verzeichnet diese Publikation in der Deutschen Nationalbibliografie; detaillierte bibliografische Daten sind im Internet über http://dnb.d-nb.de abrufbar.
Alle in diesem Buch genannten Marken und Produktnamen unterliegen warenzeichen-, marken- oder patentrechtlichem Schutz bzw. sind Warenzeichen oder eingetragene Warenzeichen der jeweiligen Inhaber. Die Wiedergabe von Marken, Produktnamen, Gebrauchsnamen, Handelsnamen, Warenbezeichnungen u.s.w. in diesem Werk berechtigt auch ohne besondere Kennzeichnung nicht zu der Annahme, dass solche Namen im Sinne der Warenzeichen- und Markenschutzgesetzgebung als frei zu betrachten wären und daher von jedermann benutzt werden dürften.

Information bibliographique publiée par la Deutsche Nationalbibliothek: La Deutsche Nationalbibliothek inscrit cette publication à la Deutsche Nationalbibliografie; des données bibliographiques détaillées sont disponibles sur internet à l'adresse http://dnb.d-nb.de.
Toutes marques et noms de produits mentionnés dans ce livre demeurent sous la protection des marques, des marques déposées et des brevets, et sont des marques ou des marques déposées de leurs détenteurs respectifs. L'utilisation des marques, noms de produits, noms communs, noms commerciaux, descriptions de produits, etc, même sans qu'ils soient mentionnés de façon particulière dans ce livre ne signifie en aucune façon que ces noms peuvent être utilisés sans restriction à l'égard de la législation pour la protection des marques et des marques déposées et pourraient donc être utilisés par quiconque.

Coverbild / Photo de couverture: www.ingimage.com

Verlag / Editeur:
Presses Académiques Francophones
ist ein Imprint der / est une marque déposée de
AV Akademikerverlag GmbH & Co. KG
Heinrich-Böcking-Str. 6-8, 66121 Saarbrücken, Deutschland / Allemagne
Email: info@presses-academiques.com

Herstellung: siehe letzte Seite /
Impression: voir la dernière page
ISBN: 978-3-8416-2014-9

Recherche
U.M.R. C.N.R.S. 8520 Formation
Transfert

Thèse réalisée à

L'Institut d'Electronique, de Micro-Electronique et de nanotechnologie/
Département d'Opto-Acousto-Electro-nique (IEMN/DOAE)
CNRS/UMR 8520

Université Lille Nord de France

Université de Valenciennes et de Hainaut-Cambrésis
Le Mont Houy
59313 VALENCIENNES Cedex 9

Tél : +33 3 27 51 12 39/+33 3 27 51 12 41
Fax : +33 3 27 51 11 89
Web : www.univ-valenciennes.fr/DOAE/le-departement-opto-
acoustique-et-electronique-iemn

Sous la direction de

jean-michel.rouvaen@univ-valenciennes.fr
iyad.dayoub@univ-valenciennes.fr

Et

L'Unité de recherche Composants et Systèmes Electroniques (UR-CSE)

Université de Carthage

Ecole Polytechnique de Tunisie
BP. 743
2078, La Marsa, Tunis, Tunisie

Tél : +216 71 774 611/+216 71 774 699
Fax : +216 71 748 843
Web : www.ept.rnu.tn

Sous la direction de

rabah_attia@yahoo.fr

Résumé

Dans les systèmes radio mobiles, la diversité représente une technique efficace pour lutter contre l'évanouissement dû aux multi-trajets. La pleine diversité spatiale est atteinte dans les systèmes multiple-input multiple-output (MIMO). Mais, souvent l'intégration d'antennes multiples au niveau de l'émetteur ou du récepteur est coûteuse. Comme alternative, dans les réseaux sans fil multi-hop, la diversité coopérative garantit des gains de diversité spatiale en exploitant les techniques MIMO traditionnelles sans avoir besoin d'antennes multiples. En outre, la diversité coopérative fournit au réseau : un débit important, une énergie réduite et une couverture d'accès améliorée.

Dans ce contexte, l'objectif de cette thèse est de concevoir des schémas de codage pour le canal à relais afin de réaliser une meilleure performance en termes de gain de diversité et de gain de codage. D'abord, nous étudions un système de turbo-codage distribué à L-relais en mode soft-decode-and-forward. Ensuite, nous proposons un système de turbo-codage coopératif distribué à L-relais en utilisant la concaténation en parallèle des codes convolutifs. Enfin, afin d'améliorer la fiabilité de détection au niveau du nœud relais, nous proposons la technique de sélection d'antenne/relayage-soft. Pour une modulation BPSK, nous dérivons des expressions de la borne supérieure de la probabilité d'erreur binaire où les différents sous-canaux sont supposés à évanouissement de Rayleigh, indépendants et pleinement entrelacés avec une information instantanée d'état de canal idéal. Une validation des résultats théoriques est également menée par la simulation.

Mots clés : Gain de diversité, Gain de codage, Probabilité d'erreur binaire, Sélection d'antenne/relayage-soft, Soft-decode-and-forward, Turbo-codage coopératif distribué.

i

Distributed Turbo Coded Cooperative Networks

Abstract

Diversity provides an efficient method for combating multipath fading in mobile radio systems. One of the most common forms of spatial diversity is multiple-input multiple-output (MIMO), where full diversity is obtained. However, embedding multiple antennas at the transmitter or the receiver can sometimes be expensive. As an alternative to collocated antennas, cooperative diversity in wireless multi-hop networks confirms their ability to achieve spatial diversity gains by exploiting the spatial diversity of the traditional MIMO techniques, without each node necessarily having multiple antennas. In addition, cooperative diversity has been shown to provide the network with important throughput, reduced energy requirements and improved access coverage.

In light of this, the objective of this thesis is to devise coding schemes suitable for relay channels that aim at showing the best compromise between performance of diversity and coding gains. Firstly, we investigate a distributed turbo coding scheme dedicated to L-relay channels operating in the soft-decode-and-forward mode. Then, we present a proposed distributed turbo coded cooperative (DTCC) scheme, called parallel concatenated convolutional-based distributed coded cooperation. Finally, we investigate antenna/soft-relaying selection for DTCC networks in order to improve their end-to-end performance. Assuming BPSK transmission for fully interleaved channels with ideal channel state information, we define the explicit upper bounds for error probability in Rayleigh fading channels with independent fading. Both theoretical limits and simulation results are presented to demonstrate the performances.

Keywords: Antenna/soft-relaying selection, Bit error probability, Coding gain, Diversity gain, DTCC, Soft-decode-and-forward.

Remerciements

Je tiens tout d'abord à remercier mes directeurs de thèse : Monsieur Rabah Attia, Professeur de l'Ecole Polytechnique de Tunisie, Monsieur Jean-Michel Rouvaen, Professeur, et Monsieur Iyad Dayoub, Maître de Conférences HDR, de l'Université de Valenciennes et du Hainaut-Cambrésis – France qui m'ont dirigé durant la préparation de cette thèse. Je leur suis reconnaissant pour leurs encouragements, leur enthousiasme et leur confiance.

Je remercie aussi Monsieur Slim Chaoui, Enseignant – Chercheur de la Faculté des Sciences de Sfax – Tunisie pour m'avoir encadré, conseillé ainsi que pour les corrections qu'il a portées à ma thèse.

Je remercie cordialement Monsieur Jean-Pierre Cances, Professeur de l'Université de Limoges – France et Monsieur Mohamed Siala, Professeur de Sup'Com – Tunisie d'avoir accepté d'être rapporteurs de cette thèse. Je souhaite adresser également mes remerciements à Monsieur Abdelaziz Samet, Professeur de l'Institut National des Sciences Appliquées et de Technologie – Tunisie et Monsieur Azzedine Boudrioua, Professeur de l'Université Paris 13 de m'avoir fait l'honneur d'examiner mon travail.

Un sincère remerciement à mon frère Wassim, ma cousine Mahassen et Monsieur Rachid Fakhfakh qui m'ont consacré un peu de leur temps au cours de la rédaction de cette thèse.

Je dédicace cette thèse à Baba Taher, mes parents Mohamed et Fatma, ma femme Randa, mon fils Mohamed Khaled et toute la famille.

Table des matières

Résumé   i

Abstract   iii

Remerciements   iv

Table des matières   v

Table des figures   viii

Liste des abréviations   xi

1 INTRODUCTION   1
     1.1 Systèmes sans fils 1
     1.2 Motivation 3
     1.3 Contributions 7
     1.4 Plan 8

2 ETAT DE L'ART   10
     2.1 Introduction 10
     2.2 Protocoles Conçus pour les Réseaux à Relais 10
     2.3 Codage Coopératif 14
     2.4 Turbo-Codage Distribué 17
     2.5 Sélection d'Antenne/Relais 20
     2.6 Conclusion 21

3 CONCEPTS TURBO CODAGE/DECODAGE   **22**

  3.1 Introduction 22

  3.2 Canal d'Entrée Binaire Sans Mémoire 22

  3.3 Encodeur Convolutif 25

    3.3.1 Encodeur Convolutif Systématique 25

    3.3.2 Encodeur Convolutif Récursif Systématique 27

  3.4 Turbo-Codes 28

    3.4.1 Codage Concaténé et Décodage Itératif 28

    3.4.2 Entrelacement 31

    3.4.3 Turbo-Encodeur 31

    3.4.4 Turbo-Décodeur 34

  3.5 Analyse des Performances 37

    3.5.1 Moyenne de la Borne Supérieure de l'Union 37

    3.5.2 Probabilité d'Erreur par Paire 39

  3.6 Résultats et Simulations 41

  3.7 Conclusion 43

4 EVALUATION DES PERFORMANCES DE RELAYAGE SOFT   **44**

  4.1 Introduction 44

  4.2 Schéma de Turbo-Codage Distribué 45

  4.3 Analyse des Performances 50

    4.3.1 Cas des Relais Sans-Erreur 50

    4.3.2 Cas des Relais Avec-Erreurs 54

  4.4 Résultats et Simulations 55

  4.5 Conclusion 62

5 SCHEMA DE TURBO-CODAGE COOPERATIF DISTRIBUE   **63**

  5.1 Introduction 63

  5.2 Schéma Proposé de Codage 64

  5.3 Analyse des Performances 67

    5.3.1 Cas des Relais Sans-Erreur 67

    5.3.2 Cas des Relais Avec-Erreurs 70

  5.4 Résultats et Simulations 72

5.5   Conclusion   82

6   SELECTION D'ANTENNE/RELAYAGE-SOFT   **83**

6.1   Introduction   83

6.2   Schéma Proposé   84

6.3   Analyse des Performances   87

    6.3.1   Cas de Relais Sans-Erreur   87

    6.3.2   Cas de Relais Avec-Erreurs   90

    6.3.3   Sélection de Relais   92

6.4   Résultats et Simulations   93

6.5   Conclusion   100

Conclusion et perspectives   **101**

Annexes   **105**

A   Algorithme BCJR   **106**

A.1   Principe de l'algorithme BCJR   106

A.2   Aspects d'implémentation   111

A.3   Synthèse   114

B   Caractéristiques d'Encodeur RSC   **117**

Bibliographie   **121**

Table des figures

1.2.1 *Système MIMO centralisé.* 3

1.2.2 *Système MIMO distribué utilisant les nœuds relais.* 6

2.2.1 *Diverses configurations du canal à relais :(a) classique, (b) paralèlle,*
(c) à accès multiple (d) de diffusion , (e) à interférence. 12

2.2.2 *Protocole I :* (a) le premier slot-time, *(b)* le deuxième slot-time. . 13

2.2.3 *Protocole II :* (a) le premier slot-time, *(b)* le deuxième slot-time. 13

2.2.4 *Protocole III :* (a) le premier slot-time, *(b)* le deuxième slot-time. 14

2.3.1 *Schéma de codage coopératif distribué proposé par [48].* 16

2.4.1 *Schéma de turbo-codage distribué proposé par [50].* 18

2.4.2 *Schéma de turbo-codage coopératif distribué proposé par [52].* . . . 19

3.2.1 *Modèle de système de transmission numérique.* 23

3.3.1 *Encodeur SC de rendement $\frac{1}{2}$* 25

3.3.2 *Diagramme d'états.* 26

3.3.3 *Chemin de treillis pour le codage de la séquence de bits d'information*
'00110'. 27

3.3.4 *Encodeur RSC (1,7/5).* 28

3.4.1 *Codage et décodage concaténés.* 29

3.4.2 *Disposition du code d'une concaténation de deux encodeurs en bloc.* 30

3.4.3 *Entrelaceur Modulo de facteur $I = 3$.* 32

3.4.4 *Deux encodeurs concaténés en parallèle.* 32

3.4.5 *Deux encodeurs concaténés en série.* 32

3.4.6 *Turbo-encodeur parallèle systématique de rendement $\frac{1}{3}$.* 33

3.4.7 *Turbo-Décodage parallèle.* 34

3.4.8   Turbo-décodage série.   37

3.6.1   Performances de PCCC $(1, 7/5, 7/5)$.   42

3.6.2   Performances de PCCC $(1, 5/7, 5/7)$.   42

3.6.3   Borne supérieure vs Simulation Monte Carlo.   43

4.2.1   Mode I de turbo-codage distribué.   45

4.2.2   Mode II de turbo-codage distribué.   46

4.4.1   Performances du système de TCD en Mode I, $L = 2$.   56

4.4.2   Performances du système de TCD en Mode I, $L = 1, 2$.   57

4.4.3   Performances du système de TCD en Mode I, $L = 1, 3$.   58

4.4.4   Performances du système de TCD avec relayage sans-erreur, Mode I vs Mode II, $L = 1, 2$ et 3.   59

4.4.5   Performances de système de TCD, Mode I vs Mode II, $L = 3$.   . .   60

5.2.1   Schéma proposé de turbo-codage coopératif distribué.   64

5.4.1   Performances du schéma proposé de TCCD, PCCC $(1, 7/5, 7/5)$, $L = 0, 1$, $K = 10$ et $K = 1000$.   73

5.4.2   Performances du schéma proposé de TCCD, PCCC $(1, 5/7, 5/7)$, $L = 0, 1$, $K = 10$ et $K = 1000$.   74

5.4.3   Performances du schéma proposé de TCCD, PCCC $(1, 7/5, 7/5)$, Option 2, $L = 0, 1$, $K = 1000$.   75

5.4.4   Performances du schéma proposé de TCCD, PCCC $(1, 5/7, 5/7)$, Option 2, $L = 0, 1$, $K = 1000$.   76

5.4.5   Performances du schéma proposé de TCCD, PCCC $(1, 7/5, 7/5)$, Option 2, $L = 0, 2$, $K = 1000$.   77

5.4.6   Performances du schéma proposé de TCCD, PCCC $(1, 5/7, 5/7)$, Option 2, $L = 0, 2$, $K = 1000$.   78

5.4.7   Performances du schéma proposé de TCCD pour des relais sans erreur, PCCC $(1, 7/5, 7/5)$, Option 2, $L = 0, 1, 2, 3$, $K = 100$ et $K = 1000$.   79

5.4.8   Performances du schéma proposé de TCCD pour des relais sans erreur, PCCC $(1, 5/7, 5/7)$, Option 2, $L = 0, 1, 2, 3$, $K = 100$ et $K = 1000$.   80

6.2.1   Schéma proposé de la sélection d'antenne/relayage-soft.   84

6.4.1 Performances de la sélection d'antenne/relayage-soft, PCCC $(1, 7/5, 7/5)$, $\alpha = 0.5$, $\bar{\gamma}_{SR} = 4\ dB$. 94

6.4.2 Performances de la sélection d'antenne/relayage-soft, PCCC $(1, 5/7, 5/7)$,$\alpha = 0.5$, $\bar{\gamma}_{SR} = 4\ dB$. 95

6.4.3 Performances de la sélection d'antenne/relayage-soft, $n_R = 1..7$, PCCC $(1, 5/7, 5/7)$,$\alpha = 0.5$, $\bar{\gamma}_{SR} = 4\ dB$. 96

6.4.4 Performances de la sélection d'antenne/relayage-soft, $n_R = 1..7$, PCCC $(1, 5/7, 5/7)$,$\alpha = 0.5$, $\bar{\gamma}_{SR} = 8\ dB$. 97

6.4.5 Performances de la sélection d'antenne/relayage-soft, $n_R = 1..7$, PCCC $(1, 5/7, 5/7)$,$\alpha = 0.5$, $\bar{\gamma}_{SR} = 12\ dB$. 98

6.4.6 Performances de la sélection d'antenne/relayage-soft, $n_R = 1..2$, PCCC $(1, 5/7, 5/7)$,$\alpha = 0.5$. 99

A.1 Schéma illustratif de la phase "Forward Recursion". 115

A.2 Schéma illustratif de la phase "Backward Recursion". 116

B.1 Diagramme d'états pour l'encodeur RSC (1,7/5). 118

B.2 Encodeur RSC (1,7). 119

B.3 Diagramme d'états pour l'encodeur RSC (1,5/7). 119

Liste des abréviations

AF *amplify-and-forward*
APP *a-posteriori probability*
ARQ *automatic repeat request*
BLAST *bell labs layered space-time*
BPSK *binary phase shift keying*
CC codage coopératif
CCD codage coopératif distribué
CRC *cyclic redundancy check*
CSI *channel state information*
CST codage spatio-temporel
CSTB codes spatio-temporels en bloc
CSTT codes spatio-temporels en treillis
DF *decode-and-forward*
FER *frame-error rate*
IDS *iterative decoding suitability*
IIR *infinite impulse response*
LLR *log-likelihood ratio*
MAP *maximum a-posteriori*
MIMO *multiple-input multiple-output*
MISO *multiple-input single-output*
MRC *maximal ratio combining*
PCCC *parallel concatenated convolutional codes*
pdf *probability density function*
PEB probabilité d'erreur binaire

PEP *pairewise error probability*
PEPC probabilité d'erreur par paire conditionnée
pmf *probability mass function*
RCPC *rate-compatible punctured convolutional*
RF radiofréquence
RSC *recursive systematic convolutional*
RSB rapport signal-à-bruit
SC *systematic convolutional*
SCCC *serial concatenated convolutional codes*
SIMO *single-input multiple-output*
SiSo *soft-in soft-out*
SISO *single-input single-output*
soft-DF *soft-decode-and-forward*
TCCD turbo-codage coopératif distribué
TCD turbo-codage distribué
TDMA *time-division multiple-access*
TER taux d'erreur par bit
TES taux d'erreur par symbole

Chapitre 1

INTRODUCTION

1.1 Systèmes sans fils

Les nouvelles technologies de transmission sans fil reposant sur la communication sans fil exigent de plus en plus un haut débit alors que la bande passante disponible est limitée. En outre, l'autonomie de l'énergie doit être prolongée. En conséquence, les concepteurs des systèmes de communication sans fil sont face à un compromis entre l'amélioration du taux et de la qualité du transfert de l'information d'une part, et le débit théorique d'autre part. Néanmoins, ils devraient allouer le moins d'énergie possible [1].

Un canal sans fil est aléatoire et imprévisible. Comme le canal sans fil est un canal multi-trajets, la transmission du signal sera effectuée en prenant des trajets distincts. Chaque trajet a une longueur de parcours différente. Les signaux transmis peuvent arriver au récepteur hors phase et surtout créer des interférences. Le multi-trajet est la cause principale des troubles dans un canal sans fil dont nous pouvons citer : l'évanouissement, l'étalement du temps de propagation et l'atténuation. Ces phénomènes mènent à une chute instantanée, grave et profonde du rapport signal-à-bruit (RSB) qui dégrade considérablement les performances.

L'évanouissement peut être suivi par l'effet de masquage soit à long terme (*shadowing*) soit à court terme. Le masquage à long terme est dû à la zone d'ombre et la distance relative entre la source et la destination. Il est également connu par la perte de trajet, quant au masquage à court terme est dû à la propagation multi-trajets due à la réflexion du signal transmis à partir d'objets divers. Quand les différences de retard

1

entre les composants multi-trajets sont faibles par rapport à l'intervalle entre symboles, ces composants peuvent s'ajouter d'une manière constructive ou destructive au récepteur selon la fréquence de la porteuse et les différences de retard. A cet effet, le codage canal et la diversité peuvent résoudre le problème de l'évanouissement dans un domaine multi-trajets.

Le codage canal est une technique pour surmonter les erreurs de transmission dans un canal à bruit. Il s'agit d'introduire une redondance de l'information source au niveau de l'émetteur. Cette redondance joue le rôle de correction d'erreur au niveau du récepteur. Cette technique est efficace dans le cas des symboles aléatoires indépendants. Toutefois, elle n'est pas efficace lorsqu'il y aura de la corrélation. Dans un tel scénario, l'entrelacement est la bonne solution. Cette solution consiste à entrelacer les signaux codés au niveau de l'émetteur pour réduire l'effet de corrélation.

La diversité est aussi une technique pour lutter contre les erreurs [2, 3, 4, 5]. Cette dernière utilise la duplication du signal transmis afin d'augmenter la chance d'avoir moins d'erreurs au niveau du récepteur. En effet, si plusieurs copies du signal original sont envoyées à travers des trajets différents, elles vont rencontrer des caractéristiques de canaux distinctes. Instantanément, la probabilité que tous les trajets puissent avoir un taux important d'évanouissement est largement réduite. La diversité peut être mise en œuvre selon les politiques suivantes :

– La diversité fréquentielle

Le message est transmis simultanément sur plusieurs bandes de fréquence. Cette forme de diversité est efficace lorsque la largeur de la bande de transmission est suffisamment importante. Cette exigence donne lieu à un ensemble de sous-bandes avec des taux d'évanouissement différents.

– La diversité temporelle

Le message est transmis sur plusieurs intervalles de temps. Cette forme de diversité est efficace dans le cas où l'évanouissement est sélectif en fonction du temps. Les intervalles de temps doivent être séparés de sorte que le canal à évanouissement vu par une transmission soit indépendant de ceux vus par d'autres transmissions. De ce fait, la diversité temporelle présente un retard important dans la transmission.

– La diversité spatiale

Le message est transmis en utilisant plusieurs antennes à la transmission et/ou à la réception. Comme exigence principale, la séparation entre les antennes adjacentes doit être assez large pour que les signaux de différentes antennes subissent des taux d'évanouissement indépendants.

1.2 Motivation

Dans la plupart des systèmes sans fils, la diversité antennaire est pratique, efficace et considérablement utilisée comme technique de diversité [6]. Les systèmes avec multiples antennes aux deux extrémités d'une liaison de communication sont étudiés au départ dans [7, 8]. Ces systèmes sont connus comme les systèmes à entrées multiples et sorties multiples (multiple-imput mutiple-output MIMO).

Dans [9, 10, 11], les auteurs ont montré que les systèmes MIMO améliorent la fiabilité du signal reçu à travers la diversité. Dans ces systèmes, chaque paire d'antennes (émetteur, récepteur) utilise un trajet indépendant entre le nœud émetteur et le nœud récepteur. En se basant sur un codage canal performant, l'ensemble des copies du signal transmis via des canaux à évanouissement indépendants se réunissent au niveau du récepteur. Ici, on parle de la diversité spatiale. En utilisant un multiplexage spatial, l'efficacité spectrale devient beaucoup plus élevée dans les systèmes MIMO que dans les systèmes avec une seule entrée et une seule sortie (single-input single-output SISO).

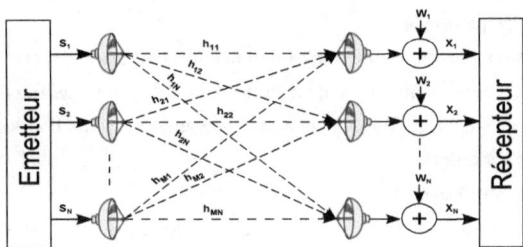

Figure 1.2.1: *Système MIMO centralisé.*

Un système MIMO typique est illustré par la figure 1.2.1. Dans cette figure, le système est équipé de M antennes de transmission et N antennes de réception. Le canal de transmission entre l'antenne de transmission m et l'antenne de réception n peut être représenté par un coefficient aléatoire de propagation h_{mn}. A chaque transmission, le nœud transmetteur envoie simultanément les signaux $S_1, S_2, ..., S_M$ via les M antennes. A la réception, chaque antenne reçoit un signal qui est une superposition des signaux provenant de toutes les antennes transmettrices à travers l'ensemble des canaux à évanouissement.

Durant la dernière décennie, les recherches dans la théorie de l'information ont montré qu'une très haute capacité peut être atteinte en utilisant plusieurs antennes pour la transmission et la réception dans les systèmes sans fil [7, 9]. Ces recherches ont abouti à l'élaboration d'une nouvelle architecture à émission-réception multiple appelée *Bell labs layered space-time* (BLAST) [7]. L'utilisation de BLAST a montré que la capacité du canal augmente linéairement avec le nombre des antennes de transmission pour une puissance d'émission fixe.

Le codage spatio-temporel (CST) est une autre approche qui utilise plusieurs antennes d'émission et de réception. Cette approche, a été introduite dans [2, 10, 12, 13] pour fournir des communications fiables à travers des canaux à évanouissements. Le concept de CST combine le codage, la modulation et la diversité spatiale dans une technique de modulation codée en deux dimensions. Les codes spatio-temporels en bloc (CSTB) [12], et les codes spatio-temporels en treillis (CSTT) représentent deux exemples des CST [13]. En utilisant les CSTT, la pleine diversité est atteinte et le gain de codage est considérable. En contre partie, la complexité du récepteur est importante [13]. Par contre, les CSTB offrent seulement un gain de diversité (comparés aux systèmes monoantenne). Dans ce cas, le gain de codage est non envisageable.

L'inconvénient de la technologie MIMO est la complexité associée. Par exemple, pour chaque emploi d'antenne, il est nécessaire d'utiliser une chaîne radiofréquence (RF), ce qui est encombrant et coûteux. En outre, la consommation d'énergie est relativement élevée en raison de la complexité des circuits. En plus, l'overhead [1] nécessaire à la mise à jour de la partition des antennes d'émission [2] dépend du nombre total de partitions possibles, fonction non-triviale du nombre d'antennes. Compte tenu de ces contraintes, la technologie MIMO est considérée non fonctionnelle pour certaines applications tels que les réseaux cellulaires et les réseaux de capteurs. Dans le cas des réseaux cellulaires,

---

1. L'overhead est la surcharge d'en-tête de contrôle protocolaire
2. La partition des antennes d'émission joue le rôle de modifier la répartition de la capacité-somme et ainsi lutter contre le bruit de quantification induit par les schémas de codage et modulation (Modulation and Coding Scheme : MCS)

il n'est pas possible de monter des antennes multiples avec des circuits associés sur un petit téléphone mobile tout en conservant sa petite taille et son prix abordable. Pour les réseaux de capteurs sans fil, où les nœuds fonctionnent avec des batteries, l'autonomie d'énergie est une exigence cruciale.

Comme une alternative à l'utilisation d'antennes colocalisées dans les systèmes MIMO, le gain de diversité spatiale est pleinement atteint à travers la diversité coopérative [14, 15, 16, 17, 18]. Dans les communications coopératives, plusieurs nœuds dans un réseau sans fil coopèrent entre eux pour former un réseau d'antennes virtuelles. En utilisant la coopération, il est possible d'exploiter la diversité spatiale des techniques traditionnelles MIMO sans que chaque nœud ait nécessairement plusieurs antennes. La destination reçoit alors plusieurs versions du message en provenance de la source et un ou plusieurs relais. Par suite, une combinaison est envisageable pour obtenir une estimation plus fiable du signal transmis. Ces techniques de coopération utilisent la nature coopérative de diffusion de signaux sans fil par l'observation qu'un signal source assigné à une destination particulière peut être détecté au niveau des nœuds voisins. Ces nœuds appelés relais, partenaires, ou aides traitent les signaux qu'ils reçoivent et les transmettent vers la destination. A tout moment, n'importe quel nœud peut être alors une source, un relais, ou une destination. Le rôle du nœud relais est d'aider à la transmission de l'information du nœud source au nœud destination.

En raison de leurs avantages importants, les communications coopératives ont récemment émergé comme un candidat fort pour les technologies sous-jacentes de la plupart des futures applications sans fil, y compris les réseaux cellulaires 4G, les réseaux de capteurs sans fil (IEEE 802.15.4), et les systèmes sans fil en mode WiMax (IEEE 802.16j). Les principaux avantages sont les suivants :

1. la grande flexibilité de la configuration du réseau permet de modifier le nombre des nœuds coopérants selon les critères de performance souhaités ;

2. la stratégie de relais peut être adaptée selon différents scénarios ;

3. l'adaptation de la modulation et du codage peut être employée pour aboutir à des performances considérables ;

4. l'étendue de la couverture du réseau devient plus importante par l'effet des nœuds relais voisins ;

5. en conséquence, la puissance de transmission peut être mieux contrôlée, ce qui

contrôle à son tour le niveau d'interférence d'accès multiple. Ainsi, l'ajout d'une adaptation de puissance permet d'atteindre un maximum de capacité.

La figure 1.2.2 représente un exemple de système MIMO virtuel. Ce système est composé d'un nœud source, L relais et un nœud destination. Les coefficients d'évanouissement sont désignés par h_{SD}, h_{SR_m} et h_{R_mD}, $m = 1, 2, ..., L$.

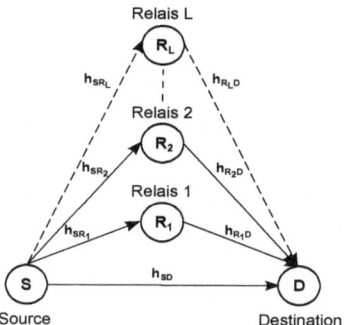

Figure 1.2.2:   *Système MIMO distribué utilisant les nœuds relais.*

Malgré tous ces avantages liés à la communication coopérative, il y a des défis pour qu'une telle technologie aboutisse à un déploiement réussi, y compris la sensibilité de la performance globale à la fiabilité de détection au niveau des nœuds relais et le choix déterministe du Framework de relayage. Dans les réseaux coopératifs, la performance de la connectivité bout-en-bout dépend significativement de la fiabilité de détection au niveau des nœuds relais [16, 17, 18]. Dans la situation idéale où la détection au niveau des nœuds relais est parfaite, la diversité du système est maintenue puisque le nœud relais est colocalisé comme étant un nœud transmetteur source [16, 17, 18]. Cependant, la diversité se dégrade avec une détection imparfaite. Le degré de cette dégradation dépend du niveau de fiabilité de détection au niveau des nœuds relais. En fait, la diversité commence à se dégrader quand la connexion (source, relais) est plus mauvaise en termes de fiabilité que celle (source, destination) et/ou (relais, destination). Pour améliorer la fiabilité de détection au niveau des nœuds relais, l'utilisation de la stratégie de relayage decode-and-forward (DF) est bonne. La plupart des travaux consacrés à l'étude de cette stratégie ont supposé une détection sans-erreur au niveau des nœuds relais en utilisant une technique de détection d'erreurs avec retransmission (ARQ). Cependant, pour un mauvais RSB, cette technique a comme conséquence la diminution du débit atteignable. Ceci nous a motivé pour développer des schémas de codage coopératif (CC) en réduisant l'impact de la propagation d'erreur sans recours à une telle technique de détection d'erreurs.

La technologie multi-antennes au niveau des nœuds relais et des nœuds destinataires a été considérée dans [19, 20, 21]. Dans [19], pour tout trafic, le système étudié comporte cinq nœuds : deux nœuds sources, deux nœuds relais et un seul nœud destination. Pour les nœuds sources et relais, chacun est équipé par une seule antenne. Le nœud destination est équipé par des antennes multiples. Aussi, les canaux (sources, relais) sont considérés parfaits. Dans [20], un système à deux-relais a été étudié pour un nœud source, un nœud destination et des nœuds relais multiples. Tous les nœuds sont équipés d'antennes multiples. Les deux techniques appliquées de combinaison sont *maximal ratio combining* (MRC) et *selection combining* (SC). Dans [21], les auteurs ont considéré un système de communication coopérative avec des nœuds sources multiples, un nœud relais et un nœud destination. Chacun des nœuds relais et destination est équipé d'antennes multiples tandis que le nœud source est équipé d'une seule antenne.

1.3 Contributions

Les contributions de cette thèse peuvent être récapitulées comme suit :

1. Dans le chapitre 4, nous présentons le turbo-codage distribué (TCD) pour des canaux à multi-relais employant une stratégie de relayage soft, nommée *soft decode-and-forward* (soft-DF), réduisant l'impact de la propagation d'erreur sans recours à une technique ARQ. Cette stratégie a pour rôle de maintenir l'information soft qui s'ajoute au gain supplémentaire d'entrelacement déjà attribué par le TCD. Dans ce contexte, nous dérivons des bornes supérieures de la probabilité d'erreur par bit (PEB). Nous démontrons analytiquement comment distribuer, simultanément, la puissance transmise et le poids du turbo-code entre le nœud source et les nœuds relais. Aussi, nous estimons la variance de bruit causée par le relayage soft-DF dans un environnement à évanouissement de Rayleigh. Comme résultat, les courbes des bornes supérieures et la simulation Monte Carlo montrent que la performance du système en terme de PEB s'améliore en augmentant le nombre de relais.

2. Dans le chapitre 5, nous présentons un nouveau schéma de turbo-codage coopératif distribué (TCCD) pour des canaux à multi-relais. Via un protocole de coopération entre antennes, les nœuds sources et relais créent et transmettent un tableau virtuel de transmission pour le nœud destination. Nous montrons une distribution de la puissance transmise des nœuds source et relais. Ainsi, pour un relayage soft-DF, nous dérivons des bornes supérieures de la PEB. Comme conséquence, le schéma proposé de TCCD réalise des gains considérables de codage et une pleine diversité relativement au codage non coopératif (turbo ordinaire).

3. Dans le chapitre 6, nous proposons d'utiliser la sélection d'antenne/relayage-soft dans le schéma de TCCD (proposé dans le chapitre 5) pour améliorer de plus en plus la fiabilité de détection au niveau du nœud relais. De même, nous dérivons des bornes supérieures de la PEB. Les résultats prouvent que le schéma proposé réalise une pleine diversité relativement au cas sans sélection d'antenne.

Les contributions de cette thèse ont donné lieu aux publications suivantes : [22, 23, 24].

1.4 Plan

Le reste du mémoire de cette thèse est organisé comme suit :

Le chapitre 2 représente l'état de l'art de la transmission coopérative distribuée. D'abord, nous commençons par une courte description des stratégies de relayage DF et *amplify-and-forward* (AF) en présentant les trois différents protocoles de transmission à la base d'un multiplexage temporel (*time-division multiple-access* TDMA). Egalement, nous illustrons des schémas de CC et des travaux relatifs au TCD qui mènent au nouveau schéma proposé. Nous terminons le chapitre par une présentation des travaux en ce qui concerne la sélection d'antenne/relais.

Le chapitre 3 représente les concepts de base du turbo-codage conventionnel en introduisant les notions de codage convolutif, codage concaténé, décodage itératif et entrelacement. En utilisant la moyenne de borne supérieure de l'union (*average union upper bound*) et la probabilité d'erreur par paire (*pairewise error probability* PEP), nous analysons ce type de codage afin d'évaluer théoriquement les performances d'un tel code. Pour une modulation BPSK et un environnement à évanouissement de Rayleigh, nous finissons par illustrer quelques résultats et simulations.

Dans le chapitre 4, nous analysons le TCD employant le soft-DF comme mode de relayage. Nous commençons par représenter les deux modes du schéma à étudier. Ensuite, pour une modulation BPSK et un environnement à évanouissement de Rayleigh, nous développons deux bornes supérieures de la PEB pour chacun des deux cas : sans-erreur et avec-erreurs au niveau des nœuds relais. Nous terminons l'analyse par l'illustration des résultats via les courbes des bornes supérieures de la PEB et de la simulation Monte Carlo.

Dans le chapitre 5, nous présentons le schéma proposé de TCCD pour le canal à relais. Pour une modulation BPSK et un environnement à évanouissement de Rayleigh, nous analysons le comportement de convergence du schéma proposé en le comparant au codage conventionnel (non coopératif). En outre, nous étudions la PEP en dérivant des expressions pour la borne supérieure de la PEB pour les cas : sans-erreur et avec-erreurs au niveau des relais. Enfin, les résultats sont déduits des courbes des bornes supérieures de la PEB et de la simulation Monte Carlo.

Le chapitre 6 représente notre proposition de sélection d'antenne/relayage-soft pour le schéma de TCCD présenté dans le chapitre 5. Pour une modulation BPSK et un environnement à évanouissement de Rayleigh, nous analysons le comportement de convergence du schéma proposé en le comparant au codage sans sélection. La performance, liée à la fiabilité de détection assurée par cette sélection, est confortée par les courbes des bornes supérieures de la PEB et de la simulation Monte Carlo.

Nous clôturons ce mémoire par un rappel des objectifs, un bilan des travaux accomplis dans cette thèse, ainsi que les apports, les limites et les perspectives envisageables.

Chapitre 2

ETAT DE L'ART

2.1 Introduction

Ce chapitre récapitule les travaux récents associés au contexte de cette thèse. En outre, nous illustrons de nombreuses considérations impliquées en mettant en valeur les scénarios particuliers étudiés ultérieurement. D'abord, nous commençons par les protocoles conçus pour les réseaux à relais. Ensuite, nous citons les travaux en relation avec le CC et le TCD. Enfin, nous terminons ce chapitre par la stratégie de sélection d'antenne/relais.

2.2 Protocoles Conçus pour les Réseaux à Relais

Dans les systèmes à diversité coopérative, les nœuds peuvent coopérer les uns avec les autres en fournissant un gain de diversité spatial au niveau du nœud destination. Dans ce cas, à tout instant donné, tout nœud peut être une source, un relais, ou une destination. La fonction du nœud relais est d'acheminer l'information (aider la transmission) du nœud source au nœud destination. Pour assurer des gains de diversité, le relais doit être choisi de telle manière que son lien à la destination soit indépendant de celui de la source. Au sein d'un Framework de diversité coopérative, il y a deux principales techniques de transmission via des nœuds relais multiples : le mode AF [25] et le mode DF [16, 26]. Dans le mode AF, le nœud relais amplifie et retransmet le signal reçu du nœud source qui est corrompu par l'évanouissement et un bruit additif. Dans ce cas, ni démodulation ni décodage du signal reçu n'est généré. Par contre, dans le mode DF, le signal reçu du nœud source est démodulé et décodé avant la retransmission.

La majorité des travaux précédents sur la diversité coopérative non codée adoptent les protocoles AF [27, 28, 29, 30, 31, 32, 33]. Cependant, pour le mode AF, quand l'information instantanée d'état de canal (CSI) n'est pas disponible aux récepteurs, la bonne satisfaction des contraintes d'énergie de relais complique la démodulation ainsi que le traitement [28]. Évidemment, les protocoles DF exigent plus de traitement que ceux AF, car les signaux doivent être décodés puis ré-encodés avant d'être retransmis par le nœud relais. Cependant, si les signaux sont correctement décodés aux relais, la performance est meilleure que celle des protocoles AF, car le bruit est éliminé. En outre, le mode DF peut être étendu en combinant les techniques de codage et pourrait facilement s'intégrer avec les protocoles de réseaux [30, 31, 32, 33].

Notre Framework d'étude de diversité coopérative repose sur les canaux à relais. Plusieurs travaux, au départ, ont étudié le cas des canaux à bruit gaussien blanc additif (AWGN), et ont examiné la performance en termes de capacité de Shannon [34].

Le modèle classique du canal à relais est basé sur trois canaux terminaux de transmission. Ce modèle, à l'origine, a été présenté et examiné dans [35, 36], et plus tard, par un certain nombre d'auteurs, principalement ceux de la communauté de la théorie de l'information. En général, la particularité des canaux à relais est que certains terminaux, c.-à-d. les nœuds relais, reçoivent, traitent, et retransmettent des signaux porteurs d'information vers une certaine destination dans le but d'améliorer la performance du système.

Cover et El Gamal [37] ont examiné certains canaux à relais sans évanouissement. Ainsi, ils ont développé des limites inférieures et supérieures de la capacité du canal via un codage aléatoire. D'une façon générale, ces limites inférieures et supérieures ne coïncident que sauf pour la classe des canaux à relais dégradés [1] [37]. Ces limites inférieures de la capacité, c.-à-d. taux réalisables, sont obtenues par l'intermédiaire de trois schémas de codes aléatoires structurés différemment, désignés dans [37] comme étant *facilitation*, *coopération* et *observation*.

Plusieurs configurations réalisent la diversité coopérative dans les systèmes de com-

---

1. Un canal à relais dégradé est un canal où un récepteur est une version dégradée de l'autre. Il y a deux cas envisageables : le premier cas représente l'intérêt de cette appellation où le récepteur relais est meilleur que le destinataire. De ce fait, le relais peut coopérer positivement. L'autre cas, où le récepteur relais est pire que le destinataire, est sans intérêt puisque le relais ne peut contribuer par aucune nouvelle information au récepteur destination.

munication sans fil. Dans ce qui suit, nous dénotons les nœuds source, relais, destination respectivement par S, R et D. La figure 2.2.1 représente certaines configurations. Par exemple, le canal à relais classique de la figure 2.2.1(a) se réduit à une transmission directe quand le relais est éliminé, et à une transmission en cascade quand la destination ne peut pas recevoir (ou ignore) la transmission de la source. La figure 2.2.1 (b) représente le canal à relais parallèle sans recours à une transmission directe. Les configurations dans la figure 2.2.1(c)-(e) représentent, respectivement, un canal d'accès-multiple classique, un canal de diffusion et un canal d'interférence.

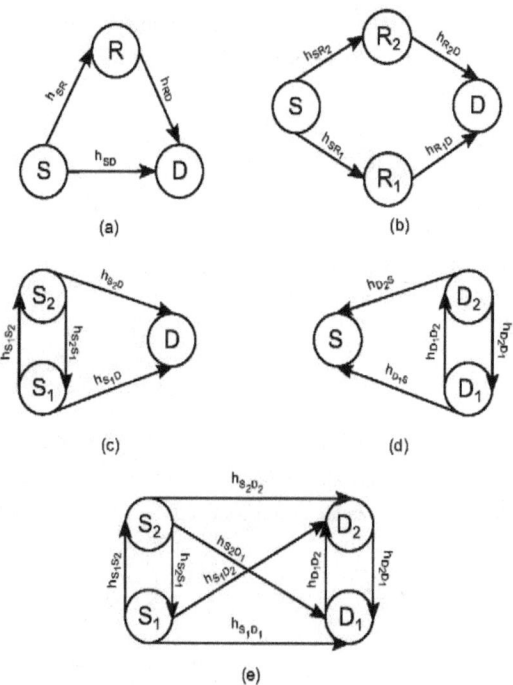

Figure 2.2.1: *Diverses configurations du canal à relais :(a) classique, (b) paralèlle, (c) à accès multiple (d) de diffusion , (e) à interférence.*

Parmi ces configurations, seulement les canaux à relais parallèles (figure 2.2.1(b)) et les canaux à relais d'accès-multiple (figure 2.2.1(c)) ont suscité l'attention dans la littérature. Schein et Gallager [38] ont proposé le modèle de canal à relais parallèle en vue d'obtenir un canal à relais symétrique classique.

La plupart des travaux effectués dans le domaine des réseaux coopératifs, ont considéré trois principaux types de protocoles de transmission fondés sur TDMA. Ces protocoles sont nommés respectivement les protocoles I, II et III tels qu'ils ont été proposés dans [16, 17, 18] :

Protocole I : Les étapes de transmission du Protocole I sont représentées par la figure 2.2.2. Durant le premier slot-time, le nœud source transmet le signal vers les nœuds relais et destination. Au cours du deuxième slot-time, les nœuds relais et source retransmettent le signal vers le nœud destination.

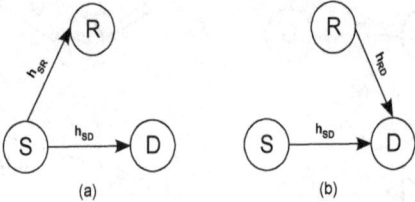

Figure 2.2.2: *Protocole I :* (a) le premier slot-time, (b) le deuxième slot-time.

Protocole II : La figure 2.2.3 représente les étapes de transmission du Protocole II. Par rapport au Protocole I, la période du deuxième slot-time est différente. Durant cette période, le nœud relais, seul, retransmet le signal vers le nœud destination.

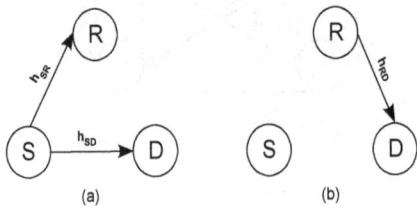

Figure 2.2.3: *Protocole II :* (a) le premier slot-time, (b) le deuxième slot-time.

Protocole III : Les deux périodes de transmission du Protocole III sont représentées par la figure 2.2.4. La différence par rapport au Protocole I se manifeste dans la période du premier slot-time. Au cours de cette période, seul le nœud relais reçoit le signal transmis par le nœud source.

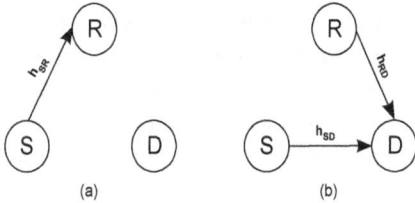

(a) (b)

Figure 2.2.4: *Protocole III :* (a) le premier slot-time, (b) le deuxième slot-time.

Les protocoles I, II et III convertissent le système d'antennes distribuées spatialement, respectivement, en MIMO effectif, *single-input multiple-output* (SIMO) et *multiple-input single-output* (MISO). Tous les travaux cités antérieurement supposent que la transmission se déroule en mode half-duplex[2] , pour tout relais, pendant deux slot-times.

2.3 Codage Coopératif

La diversité des systèmes multi-relais est très sensible à la technique de décodage au niveau des relais. De ce fait, l'amélioration de la fiabilité de correction des erreurs à ce niveau est suggérée pour améliorer la diversité.

Ces dernières années, le CC a été un sujet de recherches très actif. Dans [14, 15], Sendonaris et al. ont démontré que la coopération entre les utilisateurs mène non seulement à des débits plus élevés, mais également à la diminution de la sensibilité aux variations du canal. Ils ont également prouvé que la diversité spatiale peut être obtenue à l'aide d'utilisateurs associés, même si le canal inter-utilisateurs est avec bruit. Laneman et al. [17] ont développé plusieurs protocoles coopératifs qui peuvent atteindre la pleine diversité. Le but était de réduire au minimum la probabilité d'indisponibilité (outage probability). Récemment, le codage canal dans les systèmes coopératifs a été étudié dans [39, 40, 41].

---

2. Les nœuds ne peuvent pas transmettre et recevoir d'une façon simultanée

Par exemple, Hunter and Nosratinia [39] ont utilisé les codes convolutifs poinçonnés à taux compatible (*rate-compatible punctured convolutional* RCPC), les utilisateurs associés et les codes cycliques (cyclic redundancy check CRC) dans un même schéma de CC. Leur but était d'avoir un schéma coopératif plus efficace. Dans le même contexte, Stefanov et Erkip [41] ont utilisé l'analyse du taux d'erreur par trame (*frame-error rate* FER) pour prouver que le CC est capable d'atteindre une pleine diversité. Ils ont montré, pour des canaux à évanouissement indépendants servant différents utilisateurs, que le modèle de canal à évanouissement par bloc est approprié pour le CC, et le Framework dans [42] peut être exploité pour la conception de codage. Liu, Spasojevic et Soljanin [40] ont étudié les turbo-codes poinçonnés pour la coopération. En se basant sur une contrainte stricte de délai de codage, ils ont analysé le comportement du FER.

Quelques travaux récents incluent la notion des codes spatio-temporels (CST) dans les réseaux coopératifs où les nœuds associés (*partnering*) peuvent avoir des antennes multiples [43]. Dans [26], les auteurs ont proposé des schémas du codage spatio-temporel coopératif pour les canaux multi-relais. La première proposition est un schéma de diversité coopérative à base de répétitions. En effet, durant la deuxième période de slot-time, la destination reçoit les signaux provenant de chacun des relais séparément via des sous-canaux orthogonaux. Dans la deuxième proposition, les relais utilisent un codage spatio-temporel approprié au cours de la deuxième période (slot-time) et peuvent donc transmettre simultanément sur le même sous-canal.

Dans [39, 41, 42, 43, 44, 45], les auteurs ont proposé la diversité coopérative en mode DF classique. L'idée principale est que chaque utilisateur transmet ses propres bits dans une première trame. Egalement, chacun reçoit et décode la transmission associée. En vérifiant le CRC, si le décodage du mot de code associé est passé avec succès, l'utilisateur calcule et transmet les bits de parité du mot d'information associé dans une deuxième trame. Dans [46, 47], les auteurs ont introduit la modulation par superposition (*superposition modulation*) dans la diversité coopérative. Dans un tel système de transmission, le nœud destinataire reçoit des signaux distinctement superposés. Récemment, dans [48], les auteurs ont mis en évidence les avantages du CC qui proviennent de la diversité et du gain de codage. Ils ont proposé un codage coopératif distribué (CCD) en se basant sur les codes convolutifs. Ils ont démontré analytiquement comment distribuer la puissance de transmission entre le nœud source et les nœuds relais afin d'optimiser le taux d'erreur par symbole (TES). Comme dans [39, 40, 41, 42, 43, 44, 45], le CC découpe chaque mot codé en deux parties. Chaque partie est transmise d'une façon distribuée pour assurer de grands gains de codage par rapport au codage conventionnel (c.-à-d. non coopératif). En plus de cet avantage, le CC, basé sur une redondance croissante, permet une allocation plus flexible de la bande passante entre la source et les nœuds relais par rapport au codage répétitif. L'idée de base du schéma de transmission de TCCD proposé dans cette thèse est inspirée du schéma de [48] où le modèle est représenté par la Figure 2.3.1.

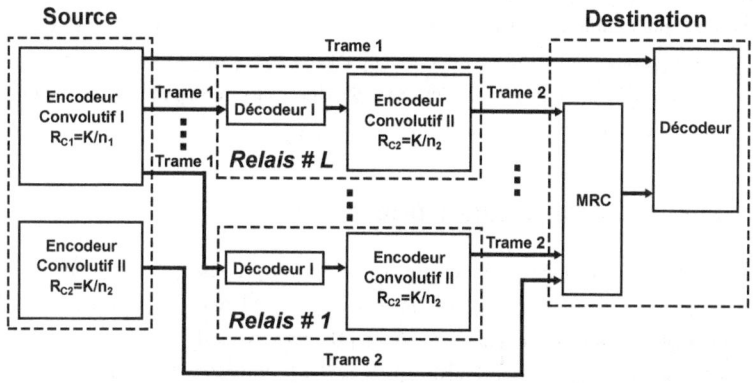

Figure 2.3.1:   *Schéma de codage coopératif distribué proposé par [48].*

Dans ce modèle, au lieu d'utiliser un système de codage convolutif centralisé au niveau du nœud source, le codage de l'information est distribué entre le nœud source et les nœuds relais en employant un processus d'encodage à deux trames. On suppose que S, R_m et D sont respectivement le nœud source, le $m^{ième}$ nœud relais et le nœud destination. Les données sont envoyées de S vers D avec l'aide des R_m $(m = 1, 2, ...L)$. Tout nœud est équipé d'un émetteur et récepteur à antenne unique. Soit $b = [b_1, b_2, ..., b_K]$ la séquence d'information à l'entrée du nœud source et soit $C = [c_1, c_2, ..., c_N]$ le mot de code correspondant. Les bits codés sont ensuite modulés en un signal $x = [x_1, x_2, ..., x_N]$. Le rendement du code dans ce cas est $R_c = K/n$, où $n = \frac{N}{log_2 M}$, M est la taille de la constellation. Selon ce schéma de codage, le mot de code C est partitionné en deux sous-mots de code : C_1 et C_2, de longueurs respectivement N_1 et N_2 $(N_1 + N_2 = N)$. Ainsi, le signal modulé x est partitionné en deux signaux modulés : x_{n_1} et x_{n_2}, de longueurs respectivement n_1 et n_2 ($n = n_1 + n_2$). Au cours de la première phase, la source diffuse la première trame aux nœuds relais et au nœud destination en utilisant l'encodeur convolutif I avec un rendement $R_{c1} = K/n_1$. Tout relais décodant avec succès la trame reçue, CRC vérifié, ré-encode le message en utilisant l'encodeur convolutif II avec un rendement $R_{c2} = K/n_2$. Ensuite, il le retransmet. Dans le cas d'un décodage avec erreurs, le nœud relais reste silencieux. Dans la deuxième phase, le nœud source et les nœuds relais (dont le CRC est vérifié) transmettent la deuxième trame vers le nœud destination via des canaux indépendants, orthogonaux et à évanouissement quasi-statique. Les copies reçues sont combinées en utilisant le combineur à taux maximal (*maximal-ratio combiner* MRC). Le décodage au niveau du nœud destination se fait par l'intermédiaire d'un décodeur de Viterbi.

2.4 Turbo-Codage Distribué

Dans la littérature, l'usage du protocole DF a été proposé pour assurer le codage distribué qui se termine par un décodage itératif au niveau de la destination. Pour relayer via des canaux orthogonaux, [44] et [41] proposent des schémas basés sur les codes convolutifs poinçonnés à taux compatible (*Rate-compatible punctured convolutional codes* : RCPC codes) [49]. Ici, la source transmet en adoptant un codage convolutif poinçonné et le relais, après décodage, transmet des bits de parité additionnels. En ajoutant un entrelaceur au relais, il s'agit d'un turbo-codage distribué (TCD) [50, 32]. Le concept de distribution de turbo-codage selon [50] est sous l'hypothèse *sans-erreur* au niveau du nœud relais. La figure 2.4.1 représente le schéma de TCD proposé. Le transfert de l'information est divisé en deux phases. Dans la première, le nœud source encode un mot d'information pour en donner un mot de code. Ce dernier sera simultanément transmis vers le nœud relais et le nœud destination. Le relais décode le mot de code transmis lors de la première phase, entrelace le vecteur de bits d'estimation hard et le ré-encode. Dans la deuxième phase, le relais transmet le mot de code ré-encodé à la destination. Les entrées au niveau du nœud destination proviennent des nœuds source et relais conjointement.

En supposant un relayage *sans-erreur*, le décodage itératif à la destination est effectué de la même manière que pour les turbo-codes conventionnels. Comme le montre la figure

17

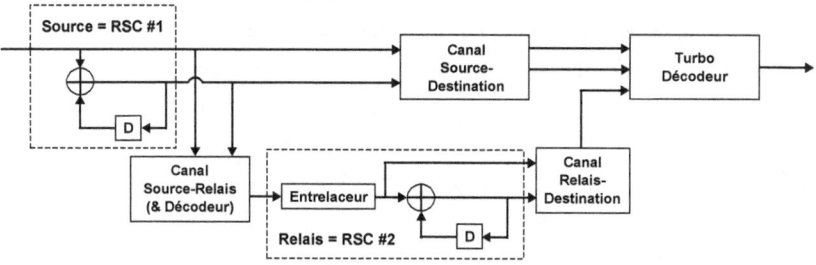

Figure 2.4.1: *Schéma de turbo-codage distribué proposé par [50].*

2.4.1, le TCD est réalisé en employant des encodeurs convolutifs récursifs systématiques (*recursive systematic convolutional* : RSC) à la fois à la source et au relais. Les auteurs ont comparé :

- Code de répétition (Repetition code) : La source et le relais utilisent le même encodeur RSC mais le relais ré-encode sans que l'information soit entrelacée. Par conséquent, à la destination et avant le décodage de Viterbi, une combinaison du taux maximal (MRC) est effectuée.

- Code convolutif concaténé en parallèle (*parallel concatenated convolutional code* PCCC) distribué de rendement 1/4 : La source et le relais emploient le même encodeur RSC. Au relais, le message décodé passe par un entrelaceur avant d'être ré-encodé. A la destination, un turbo-décodage itératif est exécuté.

- PCCC distribué de rendement 1/3 : Identique à celui de rendement 1/4, sauf que le relais ne transmet que la partie de parité résultante à la destination (c.-à-d. tous les bits systématiques sont poinçonnés).

Les résultats ont montré que les systèmes de codage distribués sont supérieurs en performance aux systèmes de code de répétition. Un gain significatif est obtenu à partir du décodage itératif. Des extensions ont été proposées pour les canaux full-duplex et half-duplex respectivement dans [51] et [52]. Dans [52], les auteurs ont étudié la capacité du turbo-codage distribué pour le système de relais half-duplex représenté par la figure 2.4.2. Ils ont proposé plusieurs techniques de codage au niveau des nœuds source et relais pour une nouvelle technique de combinaison au niveau du nœud destination, nommée

MAP detector. Ici, le protocole de transmission de ce schéma est similaire à celui de TCCD proposé dans cette thèse, mais la conception de codage est différente. Aussi, ils n'ont pas analysé théoriquement les performances de leur système en termes de PEB.

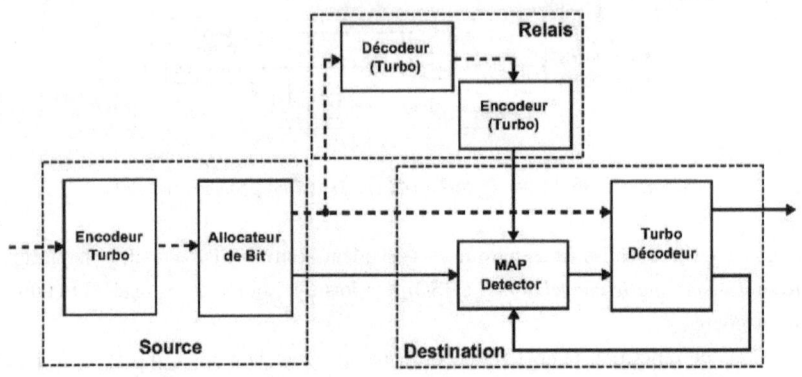

Figure 2.4.2: *Schéma de turbo-codage coopératif distribué proposé par [52].*

En se basant sur le protocole DF implanté dans le turbo-codage distribué introduit par Valenti et al. [50], un autre protocole vient de naître appelé soft decode-and-forward (soft-DF) [53, 54, 55]. Pour assurer plus de fiabilité de l'information, ce protocole traite l'incertitude au niveau du relais en effectuant toutes les opérations d'une manière soft. Ainsi, au lieu d'utiliser des symboles discrets, il est beaucoup mieux de transmettre analogiquement les valeurs soft d'une manière exprimant leur fiabilité. L'objectif était d'exploiter la correction lors de relayage DF autant que possible en régénérant le signal sans perdre de l'information. En conséquence, cette technique vise à combiner les avantages des deux protocoles DF et AF : elle régénère le signal comme DF et elle maintient l'information soft comme AF.

Dans ce mémoire, les analyses des performances du canal à relais prennent en considération le relayage soft-DF.

2.5 Sélection d'Antenne/Relais

La sélection d'antenne a été étudiée dans le contexte des systèmes MIMO centralisés. Cette stratégie a montré des gains de diversité et de codage impressionnants [56, 57, 58, 59, 60]. L'idée était d'utiliser seulement une partie des antennes disponibles. Comme conséquence, tout en tirant parti des avantages des antennes disponibles, le nombre de chaînes radiofréquence (RF) est réduit au nombre d'antennes sélectionnées, ce qui entraîne la réduction de la complexité.

Dans [56], les auteurs ont étudié l'impact de la sélection d'antenne au niveau du récepteur pour des CST en termes d'ordre de diversité et gain de codage. Ils ont montré que, pour des CSTT et des canaux à évanouissement quasi-statique, l'ordre de diversité est maintenu. Une analyse complète des performances des CSTB avec récepteur multiporteuses à sélection d'antenne a été présentée dans [57]. Les auteurs ont montré que l'ordre de diversité avec sélection d'antenne est maintenu quelle que soit la complexité du système. La performance de la concaténation en série d'un code convolutif et d'un CSTB séparés par un entrelaceur a été étudiée dans [58]. Les auteurs ont montré que l'utilisation de la sélection d'antenne au niveau du récepteur a des effets seulement sur le gain de codage, mais pas l'ordre global de la diversité. Ce phénomène est valide pour les deux modèles de canal à évanouissement plat : « *fast* » et « *block* ».

Dans [59], pour une connaissance exacte et statistique du canal, des algorithmes de sélection d'ensemble d'antennes ont été proposés pour minimiser la probabilité d'erreur. Les auteurs ont montré que lorsque la connaissance exacte du canal est disponible, l'algorithme de sélection est capable de choisir des sous-ensembles d'antennes qui minimisent la probabilité instantanée d'erreur et maximisent le RSB. La combinaison de la sélection d'antenne de transmission avec un schéma de CSTB a été considérée dans [60]. Ils ont montré si on utilise toutes les antennes de transmission, alors le schéma proposé réalise un ordre de diversité totale pour une complexité de décodage simple.

Par analogie avec la sélection d'antenne, la sélection de relais dans [61, 62], où celui qui jouit de la meilleure fiabilité est sélectionné, a montré qu'on peut préserver l'ordre de diversité en augmentant le gain de codage. Pour cela, la source doit connaître la fiabilité des nœuds de relais disponibles par le biais de *feedback* afin de décider. Il est également possible de sélectionner plusieurs relais pour la coopération. Dans le chapitre 6, nous considérons la sélection d'antenne/relayage-soft pour les réseaux coopératifs distribués dans un effort d'améliorer la performance de bout-en-bout (c.-à-d. la fiabilité de détection au niveau des nœuds relais). Nous analysons l'impact de cette technique dans le cadre du schéma TCCD introduit au chapitre 5.

2.6 Conclusion

Nous avons présenté en revue des travaux pertinents pour notre thèse et existants dans la littérature. Ainsi, pour le concept d'un canal à relais, nous avons besoin de préserver la diversité en employant des systèmes de codage canal appropriés. Dans la suite de ce mémoire, en utilisant le Protocole I, nous proposerons des schémas de TCCD.

Dans le chapitre suivant, nous commençons par introduire le turbo-codage ordinaire ainsi que l'approche d'analyse des performances.

Chapitre 3

CONCEPTS TURBO CODAGE/DECODAGE

3.1 Introduction

Les turbo-codes représentent une famille récente de codes correcteurs d'erreurs. L'implémentation d'un tel code permet d'améliorer l'efficacité spectrale, exprimée en bit/sec/ Hz, d'un système par rapport aux solutions classiques de codage correcteur d'erreurs. En fait, les performances en termes d'efficacité spectrale sont meilleures que celles de toute autre technique antérieure, et par ailleurs, très proches des limites théoriques optimales. En fonction des contraintes du système, ce gain pourra être utilisé pour augmenter le débit transmis, améliorer la qualité de service, réduire la puissance d'émission ou les tailles d'antennes, optimiser la distance de transmission ou la surface des cellules...

Dans ce chapitre, nous présentons le canal d'entrée binaire sans mémoire, les encodeurs convolutifs et le concept du turbo-codage/décodage. Aussi, nous décrivons l'approche choisie pour analyser les performances de turbo-codage. Enfin, nous présentons quelques résultats et simulations du comportement de convergence des turbo-codes ordinaires.

3.2 Canal d'Entrée Binaire Sans Mémoire

Un système de communications relie, par l'intermédiaire d'un canal, une source d'information à un utilisateur. La figure 3.2.1 représente le schéma synoptique d'un système de communication numérique.

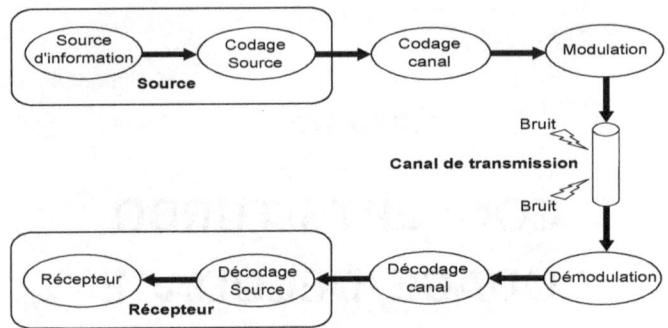

Figure 3.2.1: *Modèle de système de transmission numérique.*

On suppose que la séquence de sortie de la source (u) est de type binaire (à tout instant i, $u_i \in \{0,1\}$). Avec la redondance ajoutée par le codeur de canal, le vecteur de bits d'information u est encodé en un mot de code binaire c (à tout instant i, $c_i \in \{0,1\}$). Après avoir été modulé avec une modulation BPSK, le mot de code z (à tout instant i, $z_i \in \{0,1\}$) passe au canal de communication. A partir de l'observation bruitée s, le décodeur de canal produit une décision $\hat{u}$.

Un canal discret est un canal de communication qui prend en charge un symbole à l'entrée pour donner un autre à la sortie. Les deux symboles sont d'alphabets discrets généralement différents. Un canal d'entrée binaire fonctionne selon un alphabet d'entrée composé de deux symboles : soit $c_i \in \{0,1\}$ ou de façon équivalente $z_i \in \{-1,1\}$. Tandis qu'à la sortie du canal, on pourrait avoir ainsi deux symboles, des symboles discrets d'un alphabet plus riche, ou des valeurs continues. Un tel canal peut être modélisé d'une façon stochastique. Soit z_i, respectivement s_i, le symbole transmis, respectivement reçu, à l'instant i. Le canal peut être décrit par la distribution de transition $p(s_i \mid z_i)$. Dans le cas où s_i est discret, $p(.|.)$ est une fonction de masse de probabilité (*probability mass function* : pmf). Tandis que dans le cas où s_i est continue, $p(.|.)$ est une fonction de densité de probabilité (*probability density function* : pdf). Si le canal est sans mémoire, pour tout instant, la sortie ne dépend que de l'entrée à l'instant même, c'est à dire, pour

$z = [z_1, z_2, ...,z_N]$ et $s = [s_1, s_2, ..., s_N]$,

$$p(s \mid z) = \prod_{i=1}^{N} p(s_i \mid z_i), \qquad (3.2.1)$$

où N est la longueur de la séquence transmise.

La relation entre l'énergie passe-bande moyenne par bit d'information notée E_b et l'énergie moyenne par bit codé, associée à un symbole BPSK, notée E_s est donnée par l'équation suivante :

$$E_s = R.E_b \qquad (3.2.2)$$

avec R est le rendement de codage défini par $R = \frac{K}{N}$ où K et N représentent respectivement les nombres de bits en entrée et en sortie du codeur. Il est majoré supérieurement par la capacité du canal au sens de Shannon, donnée par la théorie de l'information.

L'information instantanée d'état de canal (CSI) est souvent représentée par le rapport signal-à-bruit (RSB). Le RSB (E_b/N_0), où $N_0/2$ est la densité spectrale du bruit passe-bande, est une caractéristique fondamentale du canal.

La nature de l'interface reliant le démodulateur au décodeur de canal a une influence directe sur la qualité de la transmission et permet de distinguer deux types de décodage :

Le décodage hard

Le démodulateur fournit au décodeur la valeur des symboles détectés. Le canal équivalent vu par le codage de canal englobant le modulateur, le vrai canal et le démodulateur sont modélisés par un seul bloc à entrée discrète et à sortie discrète appartenant à l'alphabet des symboles.

Le décodage soft

Le démodulateur fournit au décodeur la probabilité *a-posteriori* des symboles détectés. Le canal équivalent est un canal à entrée binaire et à sortie réelle, selon une loi donnée.

3.3 Encodeur Convolutif

La description qui suit des encodeurs convolutifs figure dans plusieurs références, comme par exemple [63]. L'information est exploitée et présentée sous une formule appropriée à ce mémoire.

3.3.1 Encodeur Convolutif Systématique

Un encodeur convolutif est une machine d'état fini de Markov qui prend comme entrée des bits d'information et comme sortie des bits de code. Il est représenté par ses polynômes générateurs, son diagramme d'état et/ou son diagramme de treillis. Normalement, les encodeurs convolutifs sont mis en application par un ensemble de registres à décalage linéaire et d'additionneurs $modulo - 2$. La figure 3.3.1 représente le circuit généralement utilisé pour un encodeur convolutif de registre à décalage avec un rendement $\frac{1}{2}$.

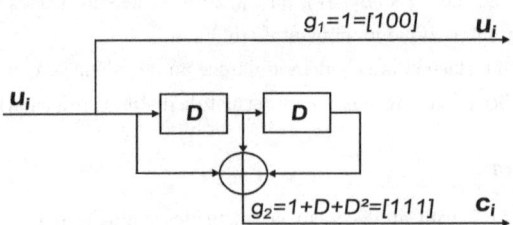

Figure 3.3.1: *Encodeur SC de rendement $\frac{1}{2}$*

Le polynôme générateur de bit de code c_i est $g_2 = 1 + D + D^2$. Cette formule déclare que les éléments de registre à décalage retardent de respectivement zéro ($D^0 = 1$), un ($D^1 = D$) et deux (D^2) pour obtenir la sortie c_i. Le polynôme générateur de l'encodeur est $G(D) = [1, 1 + D + D^2]$ où le premier polynôme est égal à 1 puisque le premier bit de code est directement connecté au bit d'information (c.-à-d. d'une façon systématique). Alors, l'encodeur est nommé convolutif systématique (*systematic convolutional* : SC). Puisque le plus grand retard dans le polynôme est celui de l'élément D^2, l'encodeur possède une longueur de mémoire $m = 2$. La longueur de contrainte de l'encodeur est

$\nu = 3$. Elle est déterminée en ajoutant le nombre de(s) entrée(s) à la longueur de mémoire m. Quand un encodeur convolutif possède une longueur de contrainte importante, c'est-à-dire les mots de code résultants ont un poids de Hamming important, la complexité ainsi que la puissance de ces mots de codes sont trop élevées.

Le diagramme d'état de l'encodeur de la figure 3.3.1 est représenté dans la figure 3.3.2. Une transition est provoquée par une entrée u_i, notée par u_i/c_i ($u_i, c_i \in \{0, 1\}$).

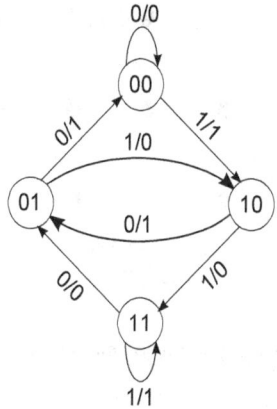

Figure 3.3.2: *Diagramme d'états.*

Le nombre de passages possibles d'un état à un autre est limité. Ainsi, le mot d'information encodé suit un processus d'accès bien déterminé dans le diagramme d'état de l'encodeur convolutif spécifié. Ce processus peut être représenté par un diagramme de treillis. La figure 3.3.3 représente un chemin de treillis pour le codage de la séquence de bit d'information '00110' qui est encodé avec l'encodeur convolutif de la figure 3.3.1. Le mot de code correspondant au mot d'information est obtenu en suivant les transitions convenables. En conséquence, la séquence de sortie est '0000111000'. Par la suite, les bits de code peuvent être envoyés à travers un canal en utilisant une modulation arbitraire.

Les bits de donnée seront encodés un par un en des bits de code, l'encodeur s'arrêtera après un certain nombre d'états. Il est possible d'ajouter des bits d'information pour avoir à la fin l'état *zéro* (c.-à-d. initialiser les registres à décalage). Quand un encodeur ne peut pas réaliser cet état final, il s'agit d'un encodeur tronqué. Dans ce cas, le décodeur a besoin des longueurs de bloc (*block-lengths*) plus petites, pour décoder les bits de code avec la même fiabilité.

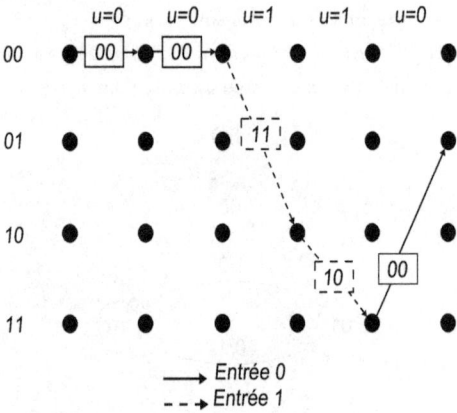

Figure 3.3.3:   *Chemin de treillis pour le codage de la séquence de bits d'information '00110'.*

3.3.2 Encodeur Convolutif Récursif Systématique

L'apparition d'encodeur convolutif récursif systématique (*recursive systematic convolutional :* RSC) a donné une révolution importante au codage canal. Ce type d'encodeurs a un polynôme de contrôle pour le retour de l'information (*Feedback*), qui connecte certains éléments des registres à décalage avec l'entrée d'autres éléments par l'intermédiaire d'un additionneur *modulo* − 2. La figure 3.3.4 représente un exemple d'encodeur RSC de rendement $\frac{1}{2}$. Son polynôme générateur est défini par $G(D) = \left[1, \frac{1+D+D^2}{1+D^2}\right]$.

Un encodeur RSC se caractérise par une réponse impulsionnelle infinie (*infinite impulse response :* IIR), en raison de ses connexions de contrôle pour le retour de l'information [64]. Ceci a comme conséquence une réponse infinie des '1' et des '0' pour une séquence d'information initiale ne contenant qu'un seul '1'. De cette façon un mot de code terminé (l'état final du codeur soit l'état *zéro*) est généré toujours à partir d'une

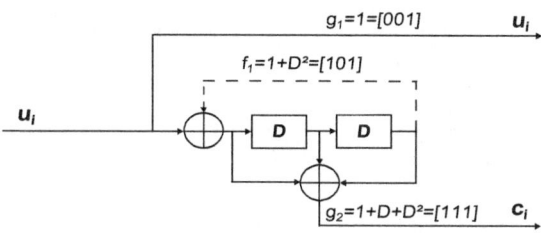

Figure 3.3.4:   *Encodeur RSC (1,7/5)*.

séquence d'information en entrée contenant au moins deux '1'. Ainsi, chaque séquence d'information nécessite une détermination d'une séquence de terminaison appropriée. L'encodeur convolutif peut être également représenté à l'aide d'un diagramme d'état, ce qui donne l'état suivant de chaque registre à décalage.

3.4 Turbo-Codes

Dans ce paragraphe, nous évoquons les techniques du codage concaténé et décodage itératif, l'entrelacement et le turbo-codage/décodage.

3.4.1 Codage Concaténé et Décodage Itératif

La puissance de correction des erreurs d'un code correcteur, dépend de la longueur de contrainte de l'encodeur. Plus la longueur de contrainte est grande plus le code est puissant. En contre partie, l'augmentation d'une telle longueur augmente la complexité du décodeur exponentiellement. Pour surmonter cette imperfection, on adopte l'usage de la concaténation des codes. Le codage concaténé utilise la concaténation de plusieurs encodeurs simples. La figure 3.4.1 représente le principe de ce codage.

Le premier encodeur, appelé le codeur externe, est le premier appliqué/dernier retiré. Le dernier encodeur, appelé le codeur interne, est le dernier appliqué/premier retiré. Les mots de codes créés à la sortie sont beaucoup plus complexes que ceux d'un encodeur simple. Aussi, le décodage est la concaténation de décodeurs simples correspondant aux encodeurs utilisés. L'inconvénient le plus excessif de cette méthode de codage est

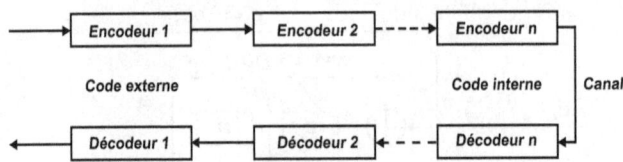

Figure 3.4.1: *Codage et décodage concaténés.*

le phénomène de la propagation d'erreurs. En effet, quand un décodeur fait une erreur de décodage, due à la quantité d'erreurs imposée aux mots du canal, le prochain décodeur reçoit ces mots incorrectement décodés et ne pourrait pas corriger ces erreurs supplémentaires. En outre, il peut imposer d'autres erreurs. En conclusion, aucun des décodeurs ne pourrait corriger les erreurs et le résultat est par conséquent un mot d'information incorrectement décodé. Pour éviter ce problème de propagation d'erreurs, les erreurs du canal devraient être réparties sur toute la séquence reçue. Pour réaliser ceci, l'emploi d'un entrelaceur permet de permuter l'ordre des bits d'une façon spécifique. Au récepteur, un désentrelaceur réorganise les bits dans leurs états initiaux. Ce mécanisme est décrit au sous-paragraphe 3.4.2.

Soit N la longueur du mot de code produit par un encodeur en bloc, les premiers K bits comprennent le mot d'information initial et les derniers $N - K$ bits sont les bits de parité. En prenant le cas d'une concaténation de deux encodeurs en bloc, l'encodeur externe (respectivement l'encodeur interne) a comme longueur du mot d'information k_1 (respectivement k_2) et comme longueur du mot de code n_1 (respectivement n_2). Le code produit avec cette concaténation est disposé de la façon décrite dans la figure 3.4.2.

La sous matrice constituée par les k_2 premières lignes et les k_1 premières colonnes représente la séquence d'entrée de l'encodeur externe. De ce dernier résultent $k_2 \times (n_1 - k_1)$ bits de parité de code externe. Ensuite, les k_2 lignes de longueur n_1 sont les séquences d'entrée de l'entrelaceur. Les séquences de sortie de l'entrelaceur sont alimentées par l'encodeur interne. Ce dernier donne $(n_2 - k_2) \times k_1$ bits de parité de code interne et $(n_2 - k_2) \times (n_1 - k_1)$ bits de contrôle de parité.

Les séquences de code résultantes, provenant de l'encodeur interne, sont envoyées par la suite au canal. Le canal, à son tour, envoie les symboles aux décodeurs concaté-

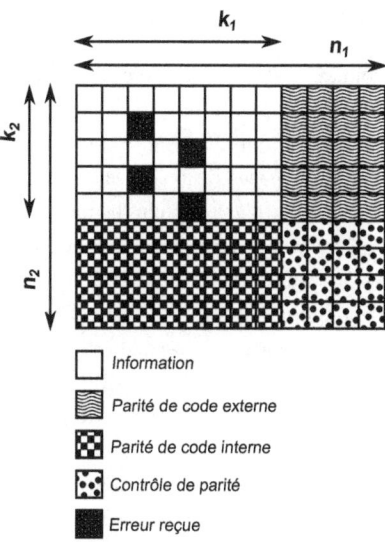

Figure 3.4.2: *Disposition du code d'une concaténation de deux encodeurs en bloc.*

nés correspondants aux deux encodeurs de départ. En supposant que chaque décodeur peut corriger une seule erreur, le décodeur interne commence tout d'abord à décoder les colonnes de la matrice de la figure 3.4.2. Au niveau de la troisième et de la cinquième colonne, le décodeur interne corrige une erreur parmi deux. Comme il peut causer d'autre(s) erreur(s). Cependant, en passant par le décodage externe avant, les lignes ne contiennent plus qu'une erreur et le décodeur est capable de corriger toute erreur. Ensuite, la séquence binaire désentrelacée pour le décodeur interne est avec zéro erreur reçue du canal. Aussi, le passage une seule fois de la séquence binaire par chaque décodeur est insuffisant pour corriger les bits d'information erronés. Pour satisfaire au besoin, cette séquence résultante passera de nouveau au décodeur externe pour corriger plus d'erreurs et ainsi de suite, c'est-à-dire, pour plusieurs itérations entre les deux décodeurs, un meilleur décodage peut être réalisé. C'est le principe du turbo-décodage.

3.4.2 Entrelacement

L'entrelacement des données codées de manière à rendre les erreurs indépendantes est une bonne solution [65]. Ainsi, en utilisant un tel système, les données codées sont réordonnées par un entrelaceur et transmises sur le canal. Au récepteur, après la démodulation, le désentrelaceur réordonne les symboles reçus et les transmet au décodeur. Les erreurs obtenues avec entrelacement n'arrivent plus en bloc, mais de façon indépendante.

Les deux principaux critères pour concevoir un entrelaceur sont la distance minimale du spectre de la sortie et la corrélation entre la séquence originale et celle entrelacée. L'entrelaceur doit créer une grande distance minimale du spectre et les corrélations devraient être aussi faibles que possible. Le second critère est défini par la convenance de décodage itératif (*iterative decoding suitability* : IDS). Quand la séquence originale et celle entrelacée sont moins corrélées, la performance du décodeur itératif s'améliore en fonction du taux d'erreur par bit (TER). Un entrelaceur est une permutation $i \to \pi(i)$ qui change l'ordre des séquences d'information. Chaque entrelaceur a un désentrelaceur correspondant $\pi^{-1}(i)$ capable de restaurer la séquence originale.

Plusieurs méthodes de permutation sont possibles, cependant le choix de la structure de l'entrelaceur est un facteur clé qui détermine les performances d'un turbo-code. Dans notre travail, nous avons adopté l'entrelaceur *modulo* dont le fonctionnement est décrit de la façon suivante. Soit $u = (u_0, u_1, ..., u_{K-1})$ un vecteur de longueur K et soit $I, 0 < I < K$, un entier tel que K et I soient premiers entre eux.

$$u[i] = u[i \times I] \, mod \, K, \ 0 < i < K. \tag{3.4.1}$$

La figure 3.4.3 représente l'entrelaceur modulo de facteur $I = 3$.

3.4.3 Turbo-Encodeur

Dans la référence initiale de Berrou et al. [66], une architecture de deux encodeurs concaténés en parallèle était utilisée pour la création des turbo-codes. La figure 3.4.4 représente deux encodeurs concaténés en parallèle et la figure 3.4.5 représente deux encodeurs concaténés en série.

Les codes parallèles ont été connus avant que Berrou et al. [66] aient édité leur article où ils ont augmenté principalement la performance de l'encodeur en utilisant l'entrelaceur.

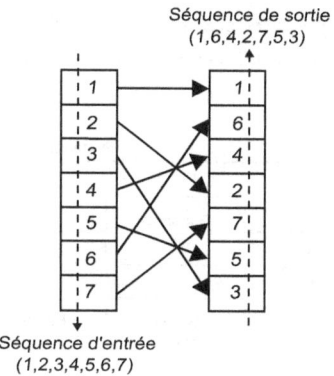

Figure 3.4.3:   *Entrelaceur Modulo de facteur $I = 3$.*

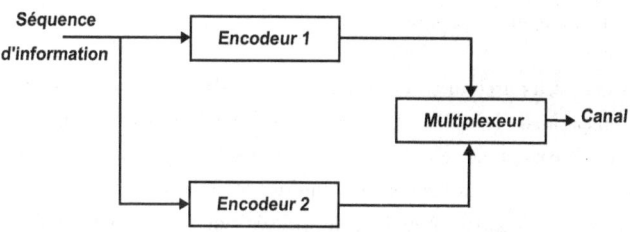

Figure 3.4.4:   *Deux encodeurs concaténés en parallèle.*

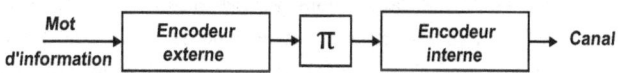

Figure 3.4.5:   *Deux encodeurs concaténés en série.*

Les encodeurs les plus utilisés sont les encodeurs RSC, parce qu'ils combinent les qualités des encodeurs systématiques entre eux avec une performance supérieure à celle d'un encodeur non SC [64]. La figure 3.4.6 représente le turbo-encodeur parallèle de rendement $1/3$.

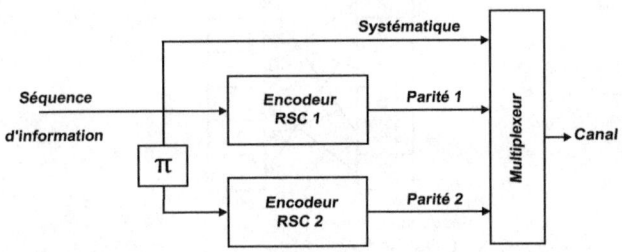

Figure 3.4.6:   *Turbo-encodeur parallèle systématique de rendement $\frac{1}{3}$.*

Les bits systématiques ou d'information et les bits de parité des deux encodeurs, c'est-à-dire les trois sorties, sont liés à un multiplixeur pour passer au canal. Egalement, Il est possible de poinçonner les bits de parité des deux encodeurs pour créer un encodeur de rendement $1/2$.

Ainsi, il existe deux architectures de turbo-codes : l'architecture des codes convolutifs concaténés en parallèle (*parallel concatenated convolutional codes* : PCCC) et celle des codes convolutifs concaténés en série (*serial concatenated convolutional codes* : SCCC). La performance d'un turbo-encodeur dépend essentiellement du contrôle (*feedback*) de l'information et de la parité polynomiale utilisés pour l'encodeur RSC. Comme elle dépend aussi du choix de l'entrelaceur [66, 67, 68, 69].

Dans le sous-paragraphe 3.3.2, un encodeur RSC exige une séquence d'entrée de poids minimal qui est égale à 2. Par conséquent, si les deux '1' sont proches l'un de l'autre alors la séquence de sortie engendrée par l'encodeur RSC aura un poids réduit. Par contre, si les deux '1' sont éloignés l'un de l'autre alors la sortie aura un poids important. Vu que la distance minimale d'un code quelconque est engendrée généralement à partir d'une séquence d'information avec poids minimal (dans ce cas 2) et du fait que le mot de turbo-code se compose de trois parties (information, redondance du premier encodeur RSC et redondance du deuxième encodeur RSC), le rôle de l'entrelaceur est de garantir l'éloignement des '1' dans la séquence d'entrée du deuxième encodeur. Par conséquent, en admettant que le poids engendré dans la première redondance soit minimal, le poids dans la deuxième redondance sera plus ou moins important. Ainsi, l'entrelacement assure un poids minimal plus important.

3.4.4 Turbo-Décodeur

Les turbo-codes sont des codes linéaires. Par conséquent, la technique des treillis peut être utilisée pour le décodage. Toute l'astuce du décodage itératif des turbo-codes consiste alors à décoder le message reçu au moyen d'une succession de décodages simples, qui échangent de l'information à chaque itération. La figure 3.4.7 représente un turbo-décodeur parallèle.

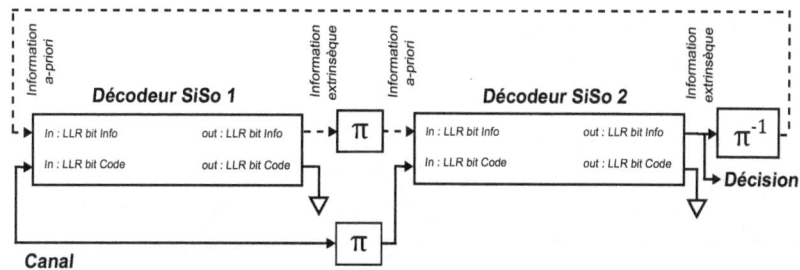

Figure 3.4.7: *Turbo-Décodage parallèle.*

Un décodeur SiSo, qui prend comme entrée le rapport de vraisemblance logarithmique (*log-likelihood ratio* : LLR) de bit d'information et le LLR de bit de code, fournit l'information soft de bit correspondant. Le LLR *input* désigne l'information *a-priori* alors que le LLR *output* désigne l'information *a-posteriori*. A chaque itération, le décodeur SiSo génère une information extrinsèque qui est équivalente à une nouvelle probabilité *a-priori* de bit codé [70]. Cette nouvelle information *a-priori* est fournie à l'entrée du convertisseur (*a-posteriori probability* : APP), ce qui permet d'améliorer l'estimation des probabilités *a-posteriori*. Cette restriction est introduite afin d'éviter de fortes dépendances entre les messages échangés d'une itération à l'autre. Bahl et al. [71] ont inventé ce décodeur convolutif APP (SiSo), nommé *maximum a-posteriori* (MAP), BCJR ou *Forward-Backward*.

34

Dans la figure 3.4.7, le système est composé de deux décodeurs SiSo qui fonctionnent d'une manière itérative en échangeant de l'information extrinsèque. Chacun de ces décodeurs calcule la distribution de la probabilité *a-posteriori* pour chaque bit source. Cette distribution dépend des trois informations suivantes : la version bruitée correspondant à la partie systématique de l'encodeur, la version bruitée correspondant à une des deux parties du contrôle de parité de l'encodeur et l'information *a-priori* sur les probabilités des bits sources.

Dans un canal à évanouissement de Rayleigh et pour une modulation BPSK, la description discrète du signal de la partie systématique est donnée par :

$$x_i = a_{x,i}(2u_i - 1) + \eta_{x,i}, \ i = 1..K \tag{3.4.2}$$

et celle de la partie en question du contrôle de parité est donnée par :

$$y_i = a_{y,i}(2c_i - 1) + \eta_{y,i} \ i = 1..K. \tag{3.4.3}$$

Les coefficients complexes d'évanouissement $a_{x,i}$ et $a_{y,i}$ sont indépendants. Pour tout coefficient $a_c = a_I + ja_Q$, a_I et a_Q sont distribuées selon une loi gaussienne, la variance est normalisée selon $\sigma_a^2 = 1/2$ et l'amplitude $|a_c| = \sqrt{a_I^2 + a_Q^2}$ est distribuée selon la loi de Rayleigh avec $E[a_c^2] = 1$. Les bruits additifs complexes $\eta_{x,i}$ et $\eta_{y,i}$ sont aussi indépendants. Pour tout bruit $\eta_c = \eta_I + j\eta_Q$, η_I et η_Q sont des réalisations des variables aléatoires gaussiennes indépendantes de moyenne nulle et de variance $\sigma^2 = N_0/2$.

L'information *a-priori* en LLR, notée $\Lambda_a(u_i)$, est représentée par l'équation :

$$\Lambda_a(u_i) = \ln \frac{P(u_i) = 1}{P(u_i) = 0}. \tag{3.4.4}$$

Soit $\Re = (x, y, \Lambda_a)$ le vecteur caractérisant les entrées de chaque décodeur. Le problème de l'APP est de trouver les probabilités *a-posteriori* $P(u_i = 1 \mid \Re)$ et $P(u_i = 0 \mid \Re)$. De façon similaire, la sortie soft du décodeur, noté $\Lambda(\hat{u}_i)$, est représenté en LLR de la façon suivante :

$$\Lambda(\hat{u}_i) = \ln \frac{P(u_i = 1 \mid \Re)}{P(u_i = 0 \mid \Re)}. \tag{3.4.5}$$

La décision hard du décodeur est trouvée en utilisant le signe de la sortie soft de l'APP. En effet, si $\Lambda\left(\hat{u}_i\right) > 0$ alors la décision $\hat{u}_i = 1$, sinon $\hat{u}_i = 0$.

Retournons maintenant à l'environnement du décodage itératif. Il est important de noter que seulement une partie de la sortie soft du décodeur doit être passée au constituant suivant du décodeur (Annexe A). Sachant que les entrées du décodeur sont indépendantes, alors la fonction qui partitionne l'expression du LLR est représentée par :

$$
\begin{aligned}
\Lambda\left(\hat{u}_i\right) \;=\;& \ln\frac{P\left(x_i \mid u_i = 1, a_{x,i}\right)}{P\left(x_i \mid u_i = 0, a_{x,i}\right)} + \ln\frac{P\left(u_i = 1 \mid \Lambda_a\left(u_i\right)\right)}{P\left(u_i = 0 \mid \Lambda_a\left(u_i\right)\right)} \\
& + \ln\frac{P\left(u_i = 1 \mid x_{1,i-1}, x_{i+1,K}, y_{1,K}, \Lambda_{a_{1,i-1}}, \Lambda_{a_{i+1,K}}\right)}{P\left(u_i = 0 \mid x_{1,i-1}, x_{i+1,K}, y_{1,K}, \Lambda_{a_{1,i-1}}, \Lambda_{a_{i+1,K}}\right)}
\end{aligned}
\tag{3.4.6}
$$

avec $\Lambda_{a_{i,j}} = \Lambda_a\left(u_i^j\right)$ où $u_i^j = \left(u_i, u_{i+1}, ..., u_j\right)$, $x_{i,j} = \left(x_i, x_{i+1}, ..., x_j\right)$, $y_{i,j} = \left(y_i, y_{i+1}, ..., y_j\right)$ et $i,j = 1..k$

Donc, le LLR *a-posteriori* $\Lambda\left(\hat{u}_i\right)$ est la composition de trois LLR. Le premier LLR, désignant l'information *intrinsèque*, contient la contribution directe de l'observation systématique du canal (x_i). Il est noté $\Lambda_{in}\left(x_i\right)$. Le second LLR, noté $\Lambda_a\left(u_i\right)$ contient la contribution de l'information *a-priori*. Quant au troisième LLR, désignant l'information *extrinsèque*, il englobe la participation des ressources autres que l'entrée systématique et l'information a-priori. Il est noté $\Lambda_{ex}\left(\hat{u}_i\right)$.

Ainsi, $\Lambda\left(\hat{u}_i\right)$ est donné par l'équation :

$$
\Lambda\left(\hat{u}_i\right) = \Lambda_{in}\left(x_i\right) + \Lambda_a\left(u_i\right) + \Lambda_{ex}\left(\hat{u}_i\right).
\tag{3.4.7}
$$

Dans le décodeur itératif, l'information *extrinsèque* $\Lambda_{ex}\left(\hat{u}_i\right)$ passe au décodeur suivant. Après quelques itérations, le LLR est employé comme paramètre de décision des bits d'information.

L'autre catégorie des décodeurs comprend le turbo-décodeur série. La figure 3.4.8 représente ce dernier.

Au sein d'une architecture PCCC, contrairement à toute architecture SCCC, l'ordre dans lequel les décodeurs reçoivent les symboles est arbitraire. Mais, on doit prendre soin de l'emplacement des entrelaceurs et du désentrelaceur vis-à-vis des LLR produits avant la transmission au prochain décodeur. Avec une architecture SCCC, le décodeur interne (respectivement externe) doit décoder la séquence de l'encodeur interne (respectivement

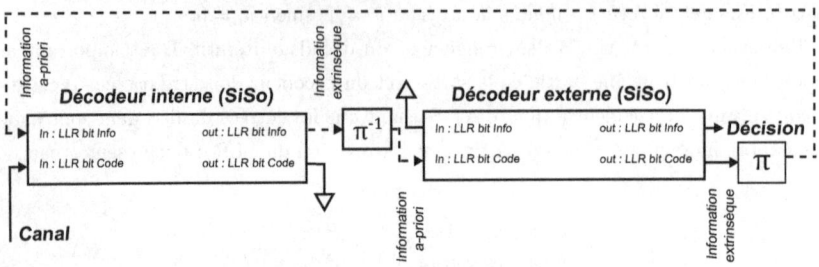

Figure 3.4.8: *Turbo-décodage série.*

externe).

La création des turbo-codes est fondée essentiellement sur trois approches : le codage concaténé en utilisant les encodeurs RSC, le décodage itératif à partir des décodeurs SiSo et surtout l'emploi de l'entrelacement entre ces blocs. Ces approches ont permis la réalisation d'un mécanisme très performant du codage et décodage dits *turbo*. Dans ce mémoire, nous nous intéressons à une architecture PCCC.

3.5 Analyse des Performances

En raison de ses performances exceptionnelles pour de faibles RSB [72], l'architecture PCCC des turbo-codes a entraîné un intérêt remarquable. La simulation et la dérivation des bornes supérieures de la valeur moyenne de la PEB sont appropriées pour étudier les performances d'un tel schéma. Dans ce qui suit, nous présentons l'approche appropriée pour la dérivation des bornes supérieures.

3.5.1 Moyenne de la Borne Supérieure de l'Union

Généralement, l'analyse des performances des turbo-codes dans la région de faible RSB est effectuée par simulation. Alors que la simulation dans la région où le RSB est plus élevé nécessite une puissance de calcul élevée et une très longue durée. La moyenne de la borne supérieure de l'union (*average union upper bound*) est l'une des techniques les plus couramment utilisées pour l'analyse des systèmes de communication numérique.

Elle est assez précise pour les valeurs élevées de RSB.

Benedetto et al. [73, 74] et Divsalar el al. [75] ont proposé différentes méthodes pour le calcul de la moyenne de la borne supérieure de l'union afin d'explorer les performances des turbo-codes dans la région à RSB élevé. Benedetto et al. ont effectué une analyse asymptotique pour le canal à bruit blanc gaussien additif. Ils ont montré que l'utilisation d'encodeurs convolutifs récursifs systématiques dans la conception globale d'un code fournit un gain d'entrelacement d'un facteur de $1/N$, par opposition aux codes non récursifs. De plus, l'idée de distance libre effective a été considérée comme une mesure de classification des différents codes. D'autre part, Divsalar et al., de leur coté, ont proposé une approche systématique. En se basant sur la fonction de transfert du code, ils ont défini une relation récursive distribuant le poids afin d'obtenir la moyenne de la borne supérieure de l'union.

Dans ce mémoire, pour évaluer la distribution de poids $A(d)$, nous utilisons la moyenne de la borne supérieure de l'union proposée dans [75]. Cette évaluation prend en considération tous les entrelaceurs possibles. L'expression de cette moyenne dans le sens de la valeur moyenne de la probabilité d'erreur par bit (PEB) est donnée par :

$$P_b \leq \sum_{d=d_{min}}^{N} \sum_{i=1}^{K} \sum_{d_1} \sum_{d_2} \frac{i}{K} \binom{K}{i} p(d_1 \mid i) p(d_2 \mid i) P_2(d), \qquad (3.5.1)$$

où d est le poids de Hamming du mot de code ($d = i + d_1 + d_2$), $P_2(d)$ est la probabilité d'erreur d'événement calculée initialement pour $d_{min} = (i + d_1 + d_2)_{min}$ et $p(d_p \mid i)$ est la probabilité conditionnelle pour produire une séquence du mot de code de poids d_p à partir d'une séquence d'entrée aléatoire de poids i. Cette probabilité représente est donnée par :

$$p(d_p \mid i) = \frac{t(l, i, d_p)}{\binom{k}{i}}, \qquad (3.5.2)$$

où $t(l, i, d)$ est le nombre de chemins de longueur l, de poids d'entrée i et de poids de sortie d en débutant et en finissant par des états nuls. (Annexe B)

3.5.2 Probabilité d'Erreur par Paire

Dans les systèmes de communication sans fil, l'évanouissement est un phénomène gênant et persistant qui peut parfois détériorer l'intégrité du signal transmis. Afin de lutter contre ce phénomène, la diversité combinatoire est souvent employée au niveau du récepteur pour assurer les performances d'un tel système. En cohérence avec la modulation BPSK, la combinaison de taux maximal (*maximal ratio combining* : MRC) est souhaitable. Ce type de diversité combinatoire nécessite la connaissance des paramètres d'évanouissement en utilisant des techniques d'estimation du canal.

Le codage de canal est aussi une technique efficace pour améliorer de plus en plus les performances. Ainsi, pour étudier l'effet de l'évanouissement dans un canal de transmission donné, il est important d'évaluer la probabilité d'erreur moyenne analytiquement. Quand l'information instantanée d'état de canal (CSI) est idéale au niveau du récepteur, le TEB moyen suite à un MRC des signaux reçus de d chemins iid [1] et la probabilité d'erreur par paire (PEP) de deux séquences codées (dont d positions différentes) sont semblables. La PEP est une caractéristique de séquence corrigée par le codage de canal approprié. Pour analyser les performances, la PEP est un élément fondamental pour calculer la moyenne de la borne supérieure de l'union.

En cohérence avec la modulation BPSK, l'évaluation des performances dans un canal à évanouissement, dont le CSI est idéal, est généralement représentée par la probabilité d'erreur par paire conditionnée (PEPC). Cette probabilité représente la probabilité de décodage d'un mot de code c_0 à un autre mot de code c_j qui diffère de c_0 à d positions dont le vecteur d'évanouissement a est connu. La PEPC est écrite sous la forme de l'équation suivante [76] :

$$P\left(c_0, c_j \mid a\right) = Q\left(\sqrt{\left(\frac{2E_s}{N_0} \sum_{k=1}^{d} a_k^2\right)}\right), \tag{3.5.3}$$

où $Q(.)$ est une fonction gaussienne connue par « $Q - fonction$ ». Elle est définie par l'équation suivante :

$$Q\left(x\right) = \frac{1}{\sqrt{2\pi}} \int_x^{\infty} exp\left(-\frac{t^2}{2}\right) dt. \tag{3.5.4}$$

---

1. iid est une abréviation souvent utilisée pour dire que des variables aléatoires sont indépendantes identiquement distribuées

La gaussienne $Q - fonction$ est également liée à la fonction d'erreur complémentaire par la relation suivante :

$$Q(x) = \frac{1}{2} erfc\left(\frac{x}{\sqrt{2}}\right). \tag{3.5.5}$$

La PEP est donnée par :

$$P_2(d) = \int_{a_1} ... \int_{a_d} P(a) P(c_0, c_d \mid a) da_1...da_d \tag{3.5.6}$$

avec

$$P(a) = \prod_{k=1}^{d} p(a_k). \tag{3.5.7}$$

La PEP $P_2(d)$ est obtenue à partir de la valeur de la PEPC. Plusieurs auteurs ont développé des expressions différentes de la PEP pour le canal à évanouissement Rayleigh en utilisant des approches différentes. A partir de l'équation (3.5.6), analytiquement, il est difficile de calculer une telle moyenne en raison de la présence de l'argument de $Q - fonction$ au niveau de la limite inférieure de l'intégrale. Pour résoudre ce problème, nous examinons trois options. La première option est une simplification de $P_2(d)$ en une forme qui peut être évaluée grâce à une intégration numérique. Pour remédier au problème de l'intégration numérique, les deux autres options sont sous forme fermée de borne supérieure.

Option 1 (Exacte)

Dans [77], la $Q - fonction$ est donnée sous cette forme :

$$Q(x) = \frac{1}{\pi} \int_0^{\frac{\pi}{2}} exp\left(\frac{-x^2}{2sin^2\theta}\right) d\theta. \tag{3.5.8}$$

Ainsi, la PEP est donnée par :

$$P_2(d) = \frac{1}{\pi} \int_0^{\frac{\pi}{2}} \left(\frac{sin^2\theta}{RE_b/N_0 + sin^2\theta}\right)^d d\theta. \tag{3.5.9}$$

L'intégrale ci-dessus est numériquement calculable, mais le calcul prend en général beaucoup de temps.

Option 2 (Borne 1)

La $Q - fonction$ peut être bornée en utilisant l'inégalité [76] :

$$Q\left(\sqrt{x}\right) \leq \frac{1}{2} exp\left(-\frac{x}{2}\right),\ x \geq 0. \tag{3.5.10}$$

De ce fait, la PEP est bornée comme suit :

$$P_2\left(d\right) \leq \frac{1}{2}\left(1 + RE_b/N_0\right)^{-d}. \tag{3.5.11}$$

Option 3 (Borne 2)

Aussi, la $Q - fonction$ peut être aussi bornée en utilisant cette forme d'inégalité [76] :

$$Q\left(\sqrt{x+y}\right) \leq \frac{1}{2}Q\left(\sqrt{x}\right) exp\left(-\frac{y}{2}\right),\ x, y \geq 0. \tag{3.5.12}$$

A partir de ceci, la PEP est bornée de la façon suivante :

$$P_2\left(d\right) \leq \frac{1}{2}\left(1 - \delta\right)\left(1 + RE_b/N_0\right)^{1-d} \tag{3.5.13}$$

avec

$$\delta = \frac{RE_b/N_0}{1 + RE_b/N_0}. \tag{3.5.14}$$

3.6 Résultats et Simulations

Nous considérons la modulation BPSK à travers un canal à évanouissement de Rayleigh pleinement entrelacé dont l'information instantanée d'état de canal (CSI) est disponible au récepteur. Les performances de PCCC utilisant deux encodeurs RSC identiques de rendement $\frac{1}{2}$ sont examinées. Les deux générateurs polynômiaux sont $(1, 7/5)$ et $(1, 5/7)$. Au niveau de la destination, le décodeur itératif PCCC est basé sur l'algorithme MAP et le principe de turbo-décodage [66].

Les deux figures 3.6.1 et 3.6.2 montrent les performances des PCCC $(1, 7/5, 7/5)$ et $(1, 5/7, 5/7)$ dont les longueurs de blocs sont $K = 10$ *bits* et $K = 1000$ *bits*. En outre, le comportement de la PEB correspondant à chacune des trois options d'évaluation de la PEP est représenté. Ici, ces résultats sont parfaitement identiques à ceux de [78].

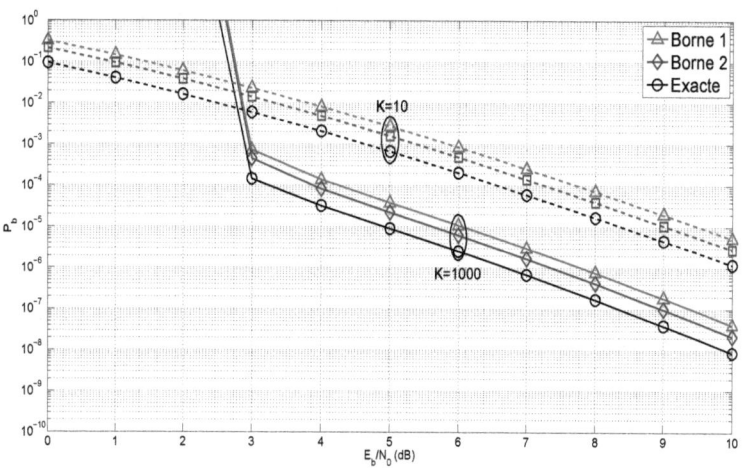

Figure 3.6.1: *Performances de PCCC* $(1, 7/5, 7/5)$.

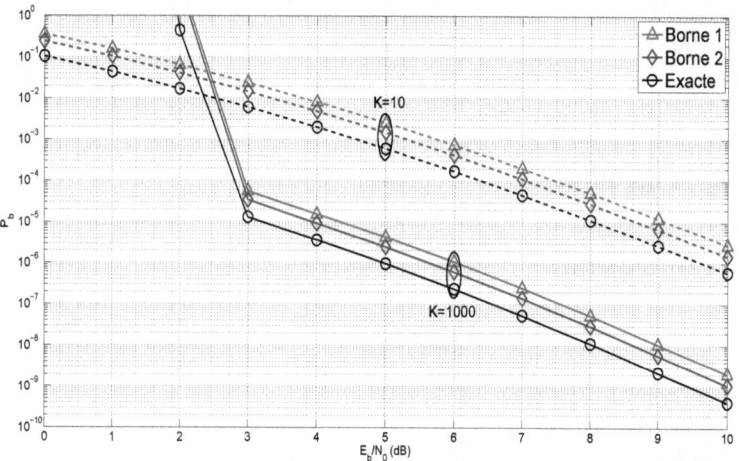

Figure 3.6.2: *Performances de PCCC* $(1, 5/7, 5/7)$.

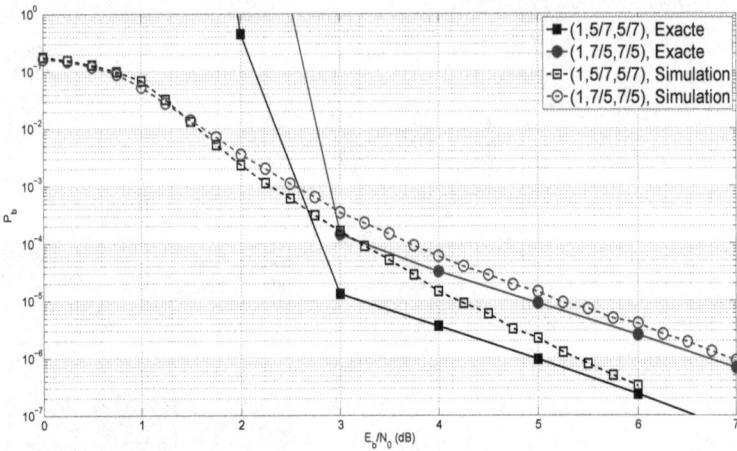

Figure 3.6.3: *Borne supérieure vs Simulation Monte Carlo.*

Pour des valeurs faibles du RSB ($Eb/N0$), le comportement est divergent contrairement à la réalité [75]. Par conséquent, nous avons utilisé la simulation de Monte Carlo. En utilisant un entrelaceur modulo 37 pour une longueur de bloc $K = 1000$ *bits*, la figure 3.6.3 représente la continuité du comportement de la PEB en passant de la simulation de Monte Carlo vers la borne supérieure exactement évaluée (Option 1). Ainsi, notre plateforme de simulation est validée compte tenu de la concordance observée entre la borne supérieure théorique et la simulation de Monte Carlo.

3.7 Conclusion

La création des turbo-codes est fondée essentiellement sur trois approches. En effet, le codage concaténé en utilisant les encodeurs RSC, le décodage itératif à partir des décodeurs SiSo et l'emploi de l'entrelacement entre ces blocs ont permis la réalisation d'un mécanisme très performant du codage/décodage dit *turbo*. Dans ce chapitre, nous avons analysé le comportement de convergence des turbo-codes dans leur état ordinaire.

Dans le chapitre suivant, nous allons étendre cette analyse pour un TCD employant le soft-DF comme technique de relayage.

Chapitre 4

EVALUATION DES PERFORMANCES DE RELAYAGE SOFT

4.1 Introduction

Dans ce chapitre, nous évaluons la performance du protocole soft-DF pour un système de turbo-codage distribué (TCD). Ce protocole combine les avantages des deux protocoles DF et AF. Par rapport au protocole DF, il fournit à la destination de l'information soft sous forme d'incertitude en garantissant plus de débit. Ainsi, il n'est plus besoin de recourir à une technique ARQ (par exemple CRC). Vis-à-vis du protocole AF, il dépense moins de puissance en garantissant le gain de codage.

Nous étudions un schéma de TCD selon deux modes : Mode I et Mode II. Chaque mode se déroule en deux périodes. La première période est la même pour les deux modes. Durant cette période, la source, équipée d'un encodeur RSC, génère et diffuse la partie systématique et la première partie de parité du turbo-code. Au niveau de tout relais, le soft-DF englobe un décodeur SiSo et un encodeur SiSo concaténés en série par l'intermédiaire d'un entrelaceur. Le principe de fonctionnement de ces derniers est basé sur le calcul du LLR ou APP des bits d'information. En fait, la séquence décodée sera entrelacée et ré-encodée. Durant la deuxième période, à travers des canaux orthogonaux, tout relais transmet la deuxième partie de parité de turbo-code en Mode I, respectivement la partie systématique et la deuxième partie de parité de turbo-code en Mode II. La destination, équipée d'un MRC et un turbo-décodeur PCCC, combine les versions reçues de la part des relais. Comme dans la plupart des articles publiés sur ce sujet, la synchronisation est supposée parfaite. Enfin, la séquence résultante et la séquence reçue provenant de la source forment les entrées du turbo-décodeur.

En supposant une modulation BPSK, nous évaluons analytiquement la performance du système proposé ci-dessus pour L nœuds relais par rapport au turbo-codage ordinaire (c.-à-d. non-distribué).

4.2 Schéma de Turbo-Codage Distribué

Le schéma de transmission considéré pour le canal à relais est décrit pour le Protocole I (figure 2.2.2). Ainsi, lors de la première période de transmission le nœud source diffuse son propre message simultanément vers les nœuds relais et destination, alors que pendant la deuxième période les nœuds relais transmettent leurs versions soft vers le nœud destination.

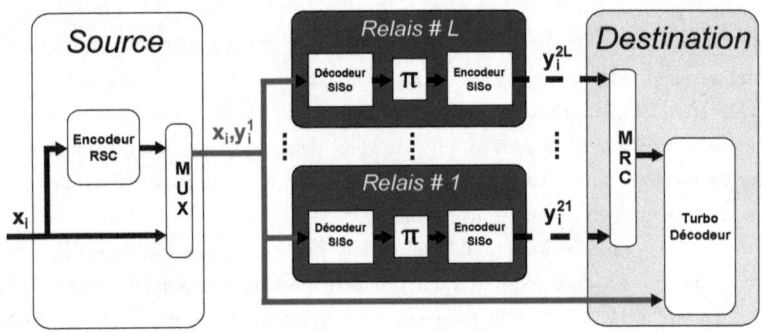

Figure 4.2.1: *Mode I de turbo-codage distribué.*

Le schéma proposé de TCD est opérationnel selon deux modes d'emploi : en envoyant la deuxième partie de parité du mot de turbo-code (Mode I), respectivement la partie systématique et la deuxième partie de parité (Mode II), via L trajets à évanouissement indépendants. L représente le nombre de nœuds relais utilisés pour la coopération. Ici, les nœuds source, $m^{ième}$ relais ($m = 1, 2, ..., L$) et destination sont notés respectivement

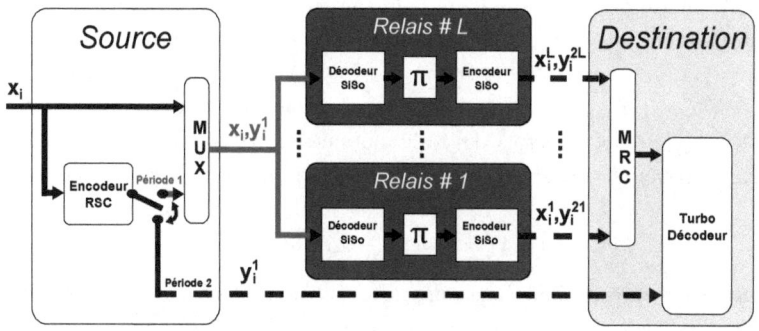

Figure 4.2.2: *Mode II de turbo-codage distribué.*

par S, R_m et D. En considérant les canaux à relais représentés par les figures 4.2.1 et 4.2.2, où les données sont envoyées de S à D avec l'aide de R_m, $m = 1, 2, .., L$, tout nœud est équipé d'émetteur et de récepteur à antenne unique. Nous supposons qu'un nœud ne peut pas transmettre et recevoir simultanément (c.-à-d. en mode half-duplex).

Pour ce schéma et pour les deux modes de fonctionnement, nous employons un seul encodeur RSC au niveau du nœud source. Ce dernier génère la première partie de parité du mot de turbo-code. Au niveau du nœud relais, une régénération soft donne lieu à la deuxième partie de parité du mot de turbo-code (Mode I), respectivement la partie systématique et la deuxième partie de parité (Mode II). L'encodage dans les deux tentatives est pour les mêmes caractéristiques de code RSC. Au niveau du nœud relais, l'information passe par un entrelaceur avant d'être encodée. De ce fait, nous obtenons une structure de turbo-codage distribué entre la source et les nœuds relais. Enfin, au niveau du nœud destination, les versions reçues de la part des nœuds source et relais sont combinées à l'aide de la technique de combinaison du taux maximal (MRC). Ici, nous supposons que la synchronisation est parfaite.

Pour une modulation BPSK, à travers un canal à évanouissement de Rayleigh plat et indépendant, la description discrète du signal reçu sur une période de temps correspondant à chaque trajet est :

$$r_{c,t} = a_{c,t} z_{c,t} + \eta_{c,t}, \tag{4.2.1}$$

46

où t est l'indice de temps, c est SD, SR_m ou R_mD, $a_{c,t}$ est le coefficient complexe d'évanouissement ($a_{c,t} = a_{c,t,I} + ja_{c,t,Q}$, $a_{c,t,I}$ et $a_{c,t,Q}$ sont deux distributions gaussiennes où la variance est normalisée de façon que $\sigma^2_{a_{c,t}} = 1/2$ et l'amplitude est donnée par $|a_{c,t}| = \sqrt{a^2_{c,t,I} + a^2_{c,t,Q}}$), $z_{c,t} \in \left\{ \pm\sqrt{E_{s,c}} \right\}$ et $\eta_{c,t}$ est un bruit additif complexe ($\eta_{c,t} = \eta_{c,t,I} + j\eta_{c,t,Q}$, $\eta_{c,t,I}$ et $\eta_{c,t,Q}$ sont des réalisations des variables aléatoires gaussiennes de moyenne nulle et de variance $\sigma^2_{\eta_{c,t}} = N_0/2$). La pdf du canal Rayleigh est donnée par

$$p(a_{c,t}) = 2a_{c,t}exp\left(-a^2_{c,t}\right), \ a_{c,t} > 0. \tag{4.2.2}$$

Dans la suite de cette étude, nous supposons que les canaux à évanouissement de Rayleigh sont totalement entrelacés (*fully interleaved*). De ce fait, les amplitudes d'évanouissement au niveau de chaque antenne sont indépendantes dans le temps. Aussi, le CSI est supposé idéal au niveau de tout récepteur.

Soit $x = [x_1, x_2, ..., x_K]$ la séquence d'information systématique où K est la longueur du bloc d'entrée et soient $y^1 = [y^1_1, y^1_2, ..., y^1_k]$ et $y^2 = [y^2_1, y^2_2, ..., y^2_K]$ respectivement la première et la deuxième partie de parité. Ici, la longueur totale du mot de code est donnée par $N = 3(K + m)$ où m est la profondeur de mémoire de l'encodeur RSC.

Durant la première période de transmission, le nœud source transmet $[x, y^1]$ à la fois vers les nœuds relais et nœud destination. En conséquence, l'énergie moyenne du signal émis par la source vers les nœuds relais est donnée par :

$$E_{s,SR_m} = R_S E_{b,SR_m}, \ m = 1, ..., L, \tag{4.2.3}$$

où $R_S = \frac{1}{2}$ est le rendement de code généré au niveau du nœud source, E_{b,SR_m} est l'énergie moyenne par bit correspondante au trajet $S \to Rm$.

Et l'énergie du signal émis par la source vers le nœud destination est donnée par :

$$E_{s,SD} = R_S E_{b,SD} \tag{4.2.4}$$

avec $E_{b,SD}$ est l'énergie moyenne par bit correspondante au trajet $S \to D$.

Pour tout relais, la séquence reçue de $[x, y^1]$ est décodé à l'aide d'un décodeur SiSo. Par la suite, la séquence décodée passe par un entrelaceur pour être enfin encodé par un encodeur SiSo. A la sortie de tout nœud relais, la séquence de la partie parité (Mode I), respectivement la partie systématique et la deuxième partie de parité (Mode II), est envoyée vers le nœud destination. Ici, nous avons choisi la technique de relayage soft-DF car elle permet de régénérer le signal de telle sorte qu'il n' y a pas de perte de l'information (la notion de l'information soft). Aussi, le gain de codage est garanti. Comme le CSI est idéal (c.-à-d. le comportement du coefficient à évanouissement a_c est parfaitement connu au niveau du récepteur), les valeurs du LLR sont données par [79] :

$$\Lambda_c = \frac{2}{\sigma_{\eta_c}^2} \left(a_c^2 z_c + a_c \eta \right), \qquad (4.2.5)$$

où η suit une distribution gaussienne de variance $\sigma_{\eta_c}^2$ et de moyenne nulle.

En nous basant sur l'étude réalisée par Ting et al [80], nous allons montrer une estimation de la variation de bruit à la sortie du relais. Les valeurs de LLR $\Lambda_{SR_m,in}$ au niveau de l'entrée du $m^{ième}$ décodeur peuvent être formulées comme suit :

$$\Lambda_{SR_m,in} = 2 \left(\frac{a_{SR_m}}{\sigma_{\eta_{SR_m}}} \right)_{in}^2 \left(x_{SR_m} + \left(\frac{\eta_{SR_m}}{a_{SR_m}} \right)_{in} \right). \qquad (4.2.6)$$

De la même manière, les valeurs de LRR, $\Lambda_{SR_m,out}$ au niveau de la sortie du $m^{ième}$ décodeur peuvent être formulés comme suit :

$$\Lambda_{SR_m,out} = 2 \left(\frac{a_{SR_m}}{\sigma_{\eta_{SR_m}}} \right)_{out}^2 \left(x_{SR_m} + \left(\frac{\eta_{SR_m}}{a_{SR_m}} \right)_{out} \right), \qquad (4.2.7)$$

où $\left(\frac{\eta_{SR_m}}{a_{SR_m}} \right)_{out}$ suit une distribution gaussienne de variance $\left(\frac{\sigma_{\eta_{SR_m}}}{a_{SR_m}} \right)_{out}^2$ et de moyenne nulle.

La variance de $\Lambda_{SR_m,out}$ est donnée par :

$$var \left(\Lambda_{SR_m,out} \right) = 4 \left(\left(\frac{a_{SR_m}}{\sigma_{\eta_{SR_m}}} \right)_{out}^4 + \left(\frac{a_{SR_m}}{\sigma_{\eta_{SR_m}}} \right)_{out}^2 \right). \qquad (4.2.8)$$

Ainsi,

$$\left(\frac{a_{SR_m}}{\sigma_{\eta_{SR_m}}} \right)_{out} = \sqrt{\frac{-1 + \sqrt{1 + var \left(\Lambda_{SR_m,out} \right)}}{2}}. \qquad (4.2.9)$$

$\left(\frac{a_{SR_m}}{\sigma_{\eta_{SR_m}}} \right)_{out}$ est évalué en utilisant la simulation de Monte Carlo.

Durant la deuxième période de transmission, pour un RSB suffisant, le relayage soft-

DF atténue les erreurs de propagation et tous les relais sont utilisés pour la coopération. Après la traversée des signaux le $m^{i\grave{e}me}$ nœud relais, en arrivant au nœud destination la variance équivalente de bruit est donnée par :

$$\sigma^2_{\eta_{R_m D},eq} = \left(\frac{\sigma_{\eta_{SR_m}}}{a_{SR_m}}\right)^2_{out} + \left(\frac{\sigma_{\eta_{R_m D}}}{a_{R_m D}}\right)^2.$$

(4.2.10)

La transmission durant cette période dépend du mode employé :

Mode I

Soit $y^{2m} = [y_1^{2m}, y_2^{2m}, ..., y_K^{2m}]$ la deuxième partie de parité générée par l'encodeur SiSo au niveau de $m^{i\grave{e}me}$ nœud relais. A travers les L sous-canaux, les séquences $[y^{21}, y^{22}, ..., y^{2L}]$ seront transmises vers le nœud destination. En conséquence, les énergies moyennes des signaux reçus au niveau du nœud destination sont données par :

$$E_{s,R_m D} = \frac{1}{L+2} E_{b,R_m D}, \ m = 1, ..., L$$

(4.2.11)

et

$$E_{s,SD} = \frac{1}{L+2} E_{b,SD}.$$

(4.2.12)

où $1/(L+2)$ est le rendement résultant d'une répartition équitable de la puissance du signal, à la réception, au niveau du nœud destination.

Ces séquences vont passer par un combineur MRC pour être associées avec la séquence reçue de $[x, y^1]$. De ce fait, nous obtenons la séquence d'entrée du turbo-décodeur itératif.

Mode II

Maintenant, en associant la partie systématique $x^m = [x_1^m, x_2^m, ..., x_K^m]$, générée par le décodeur SiSo, à y^{2m} au niveau de la sortie de $m^{i\grave{e}me}$ nœud relais, les énergies moyennes des signaux reçus au niveau du nœud destination sont données par :

$$E_{s,R_m D} = \frac{1}{2L+1} E_{b,R_m D}, \ m = 1, ..., L$$

(4.2.13)

et

$$E_{s,SD} = \frac{1}{2L+1} E_{b,SD}.$$ (4.2.14)

où $1/(2L+1)$ est le rendement résultant d'une répartition équitable de la puissance du signal, à la réception, au niveau du nœud destination.

Ces séquences vont passer par un combineur MRC pour être associées avec la séquence reçue de y^1. Cette dernière représente la séquence envoyée par le nœud source durant la deuxième période (slot-time). De ce fait, nous obtenons la séquence d'entrée du turbo-décodeur itératif.

4.3 Analyse des Performances

Dans ce paragraphe, nous évaluons la performance du TCD proposé pour L canaux en termes de PEB. Pour ceci, nous utilisons la technique de la fonction de transfert basée sur la borne de l'union du schéma PCCC, définie dans le sous-paragraphe 3.5.1.

Nous étudions les deux cas possibles de relayage : sans-erreur et avec-erreurs. Pour le premier cas, la réception de l'information au niveau du relais est idéale (c.-à-d. sans erreur détectée). Dans la pratique, cette supposition est réalisable dans le cas où le RSB est suffisamment élevé où les canaux $S \rightarrow R_m$ $(m = 1, 2, ..., L)$ sont sans évanouissement. De ce fait, l'étude de ce cas permet le traçage d'une borne inférieure de la performance. En ce qui concerne le deuxième cas, le cas réel, nous montrons l'effet des erreurs de relayage détectées.

Cette étude, pour les deux cas, est faite pour les deux modes I et II définis ci-dessus.

4.3.1 Cas des Relais Sans-Erreur

Nous utilisons la PEP pour analyser les performances. En fait, cette dernière représente un élément fondamental dans le calcul de la moyenne de la borne supérieure de l'union. Pour une modulation BPSK, l'évaluation des performances dans un canal à évanouissement, dont le CSI est idéal, est représentée par la PEPC.

Mode I

Au niveau du nœud destination, les deux séquences d'entrées du turbo-décodeur sont : $\left\{\left(x', y^{1'}\right), y^{2'}\right\}$, où $\left(x', y^{1'}\right)$ est la séquence provenant du nœud source et $y^{2'}$ est la séquence résultante de la combinaison MRC. Ainsi, la PEPC est donnée par :

$$P\left(c_0, c_j \mid a_{SD}, a_{R_1D}, ..., a_{R_LD}\right) =$$
$$Q\left(\sqrt{\frac{2}{(L+2)\,N_0}\left(E_{b,SD}\sum_{k=1}^{i+d_1}(a_{SD})_k^2 + \sum_{m=1}^{L}E_{b,R_mD}\sum_{k=1}^{d_2}(a_{R_mD})_k^2\right)}\right). \qquad (4.3.1)$$

La PEP pour ce mode de TCD avec relayage sans-erreur est donnée par :

$$P_{2,SE}(d) = \int_{(a_{SD})_1} ... \int_{(a_{SD})_{i+d_1}} \prod_{m=1}^{L} \int_{(a_{R_mD})_1} ... \int_{(a_{R_mD})_{d_2}} p(a_{SD})\,p(a_{R_mD})$$
$$P\left(c_0, c_j \mid a_{SD}, a_{R_1D}, ..., a_{R_LD}\right) d(a_{R_mD})_1 ... d(a_{R_mD})_{d_2}$$
$$d(a_{SD})_1 ... d(a_{SD})_{i+d_1}, \qquad (4.3.2)$$

où

$$P(a_{SD}) = \prod_{k=1}^{i+d_1} p((a_{SD})_k) \qquad (4.3.3)$$

et

$$P(a_{R_mD}) = \prod_{k=1}^{d_2} p((a_{R_mD})_k). \qquad (4.3.4)$$

Comme l'intégration numérique pour évaluer $P_{2,SE}(d)$ est complexe, nous utilisons l'équation (3.5.12) pour borner la PEPC. De ce fait,

$$P\left(c_0, c_j \mid a_{SD}, a_{R_1D}, ..., a_{R_LD}\right) \leq \left(\frac{1}{2}\right)^L Q\left(sqrt\left(2\frac{E_{b,SD}}{(L+2)N_0}(a_{SD})_1^2\right)\right)$$

$$exp\left(-\frac{E_{b,SD}}{(L+2)N_0}\sum_{k=2}^{i+d_1}(a_{SD})_k^2\right)$$

$$\prod_{m=1}^{L} exp\left(-\frac{E_{b,R_mD}}{(L+2)N_0}\sum_{k=1}^{d_2}(a_{R_mD})_k^2\right). \quad (4.3.5)$$

En substituant cette borne dans l'équation (4.3.2), la borne supérieure de la PEP est donnée par :

$$P_{2,SE}\left(d\right) \leq \left(\frac{1}{2}\right)^L \left(1 - \sqrt{\delta_L}\right)\left(1 + \frac{E_{b,SD}}{(L+2)N_0}\right)^{1-(i+d_1)} \prod_{m=1}^{L} \left(1 + \frac{E_{b,R_mD}}{(L+2)N_0}\right)^{-d_2} \quad (4.3.6)$$

où

$$\delta_L = \frac{E_{b,SD}/(L+2)N_0}{1 + E_{b,SD}/(L+2)N_0}. \quad (4.3.7)$$

Mode II

Au niveau du nœud destination, les deux séquences d'entrées du turbo-décodeur sont : $\left\{y^{1'}, \left(x', y^{2'}\right)\right\}$ où $\left(y^{1'}\right)$ est la séquence provenant du nœud source et $\left(x', y^{2'}\right)$ est la séquence résultante de la combinaison MRC. De ce fait, la PEPC est donnée par :

$$P\left(c_0, c_j \mid a_{SD}, a_{R_1D}, ..., a_{R_LD}\right) =$$
$$Q\left(\sqrt{\frac{2}{(2L+1)N_0}\left(E_{b,SD}\sum_{k=1}^{d_1}(a_{SD})_k^2 + \sum_{m=1}^{L} E_{b,R_mD}\sum_{k=1}^{i+d_2}(a_{R_mD})_k^2\right)}\right). \quad (4.3.8)$$

La PEP pour ce mode de TCD avec relayage sans-erreur est donnée par :

52

$$P_{2,SE}(d) = \int_{(a_{SD})_1} ... \int_{(a_{SD})_{d_1}} \prod_{m=1}^{L} \int_{(a_{R_mD})_1} ... \int_{(a_{R_mD})_{i+d_2}} p(a_{SD}) p(a_{R_mD})$$
$$P(c_0, c_j \mid a_{SD}, a_{R_1D}, ..., a_{R_LD}) d(a_{R_mD})_1...d(a_{R_mD})_{i+d_2}$$
$$d(a_{SD})_1...d(a_{SD})_{d_1}, \tag{4.3.9}$$

où

$$P(a_{SD}) = \prod_{k=1}^{d_1} p((a_{SD})_k) \tag{4.3.10}$$

et

$$P(a_{R_mD}) = \prod_{k=1}^{i+d_2} p((a_{R_mD})_k). \tag{4.3.11}$$

Pour les mêmes circonstances, nous utilisons l'équation (3.5.12) pour borner la PEPC, ce qui donne :

$$P(c_0, c_j \mid a_{SD}, a_{R_1D}, ..., a_{R_LD}) \leq \left(\frac{1}{2}\right)^L Q\left(sqrt\left(2\frac{E_{b,SD}}{(2L+1)N_0}(a_{SD})_1^2\right)\right)$$
$$exp\left(-\frac{E_{b,SD}}{(2L+1)N_0}\sum_{k=2}^{d_1}(a_{SD})_k^2\right)$$
$$\prod_{m=1}^{L} exp\left(-\frac{E_{b,R_mD}}{(2L+1)N_0}\sum_{k=1}^{i+d_2}(a_{R_mD})_k^2\right) \tag{4.3.12}$$

En substituant cette borne dans l'équation (4.3.9), la borne supérieure de la PEP est donnée par :

$$P_{2,SE}(d) \leq \left(\frac{1}{2}\right)^L \left(1 - \sqrt{\delta_{2L}}\right)\left(1 + \frac{E_{b,SD}}{(2L+1)N_0}\right)^{1-d_1} \prod_{m=1}^{L}\left(1 + \frac{E_{b,R_mD}}{(2L+1)N_0}\right)^{-(i+d_2)} \tag{4.3.13}$$

où

$$\delta_{2L} = \frac{E_{b,SD}/(2L+1)N_0}{1 + E_{b,SD}/(2L+1)N_0}.$$ (4.3.14)

4.3.2 Cas des Relais Avec-Erreurs

Maintenant, nous étudions le cas le plus réaliste. Ici, tous les relais traitent par soft-DF le message reçu de la source. Au niveau du nœud destination, le relayage avec-erreurs cause une variance de bruit : $\left(\frac{E_{b,R_m D}}{N_0}\right)_{eq}$ déduite de l'équation (4.2.10).

Mode I

Pour le Mode I, la PEPC peut être exprimée comme suit :

$$P\left(c_0, c_j \mid a_{SD}, a_{R_1 D}, ..., a_{R_L D}\right) =$$
$$Q\left(\sqrt{\frac{2}{(L+2)}\left(\frac{E_{b,SD}}{N_0}\sum_{k=1}^{i+d_1}(a_{SD})_k^2 + \sum_{m=1}^{L}\left(\frac{E_{b,R_m D}}{N_0}\right)_{eq}\sum_{k=1}^{d_2}(a_{R_m D})_k^2\right)}\right).$$ (4.3.15)

Pour un même développement que le cas des relais sans-erreur, la borne supérieure de la PEP est donnée par :

$$P_{2,Soft-DF}(d) \leq \left(\frac{1}{2}\right)^L \left(1 - \sqrt{\delta_L}\right)\left(1 + \frac{E_{b,SD}}{(L+2)N_0}\right)^{1-(i+d_1)}$$
$$\prod_{m=1}^{L}\left(1 + \frac{1}{(L+2)}\left(\frac{E_{b,R_m D}}{N_0}\right)_{eq}\right)^{-d_2}.$$ (4.3.16)

Mode II

Pour le mode II, la PEPC est donnée par :

$$P\left(c_0, c_j \mid a_{SD}, a_{R_1D}, ..., a_{R_LD}\right) =$$

$$Q\left(\sqrt{\frac{2}{(2L+1)}\left(\frac{E_{b,SD}}{N_0}\sum_{k=1}^{d_1}(a_{SD})_k^2 + \sum_{m=1}^{L}\left(\frac{E_{b,R_mD}}{N_0}\right)_{eq}\sum_{k=1}^{i+d_2}(a_{R_mD})_k^2\right)}\right). (4.3.17)$$

En conséquence, la borne supérieure de la PEP est sous cette forme :

$$P_{2,Soft-DF}(d) \leq \left(\frac{1}{2}\right)^L\left(1 - \sqrt{\delta_{2L}}\right)\left(1 + \frac{E_{b,SD}}{(2L+1)N_0}\right)^{1-d_1}$$
$$\prod_{m=1}^{L}\left(1 + \frac{1}{(2L+1)}\left(\frac{E_{b,R_mD}}{N_0}\right)_{eq}\right)^{-(i+d_2)}. \qquad (4.3.18)$$

4.4 Résultats et Simulations

Dans ce paragraphe, pour une modulation BPSK, nous présentons les résultats théoriques sous la forme de bornes supérieures de la PEB. Aussi, nous illustrons les résultats des simulations pour prouver le comportement de TCD en termes de PEB. Les différents sous-canaux à évanouissement Rayleigh entre la source, les relais et la destination sont supposés indépendants et totalement entrelacés avec un CSI idéal. Chacun des nœuds source et relais emploie un encodeur RSC de rendement ½, polynôme générateur $(1, 5/7)$ (c.-à-d. à $m = 2$) et longueur de bloc $K = 1000$ *bits*. Ici, l'encodeur source, respectivement relais, fonctionne en mode hard, respectivement soft. Au niveau de la destination, le décodeur itératif basé sur l'algorithme MAP [71] fonctionne selon une structure PCCC telle qu'elle est présentée dans [66].

Généralement, dans les analyses d'un tel schéma de CC, les RSB entre les nœuds source et relais $(S \rightarrow R_m)$ sont variables. Ceci incorpore différentes topologies de réseau et distances entre les nœuds source et relais. Cependant, nous supposons qu'à travers un contrôle de puissance parfait, les moyennes des RSB pour tous les sous-canaux $S \rightarrow R_m$ sont égales $(\bar{\gamma}_{SR_1} = \bar{\gamma}_{SR_2} = ... = \bar{\gamma}_{SR_L} = \bar{\gamma}_{SR})$ et de même pour $R_m \rightarrow D$ $(\bar{\gamma}_{R_1D} = \bar{\gamma}_{R_2D} = ... = \bar{\gamma}_{R_LD} = \bar{\gamma}_{RD})$. Aussi, nous supposont que les sous-canaux $S \rightarrow D$

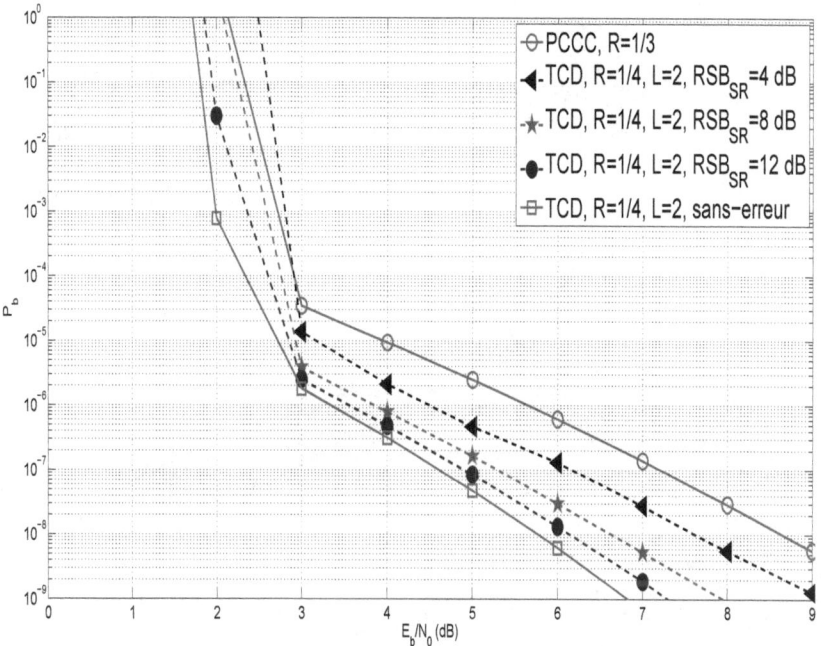

Figure 4.4.1: *Performances du système de TCD en Mode I, $L = 2$.*

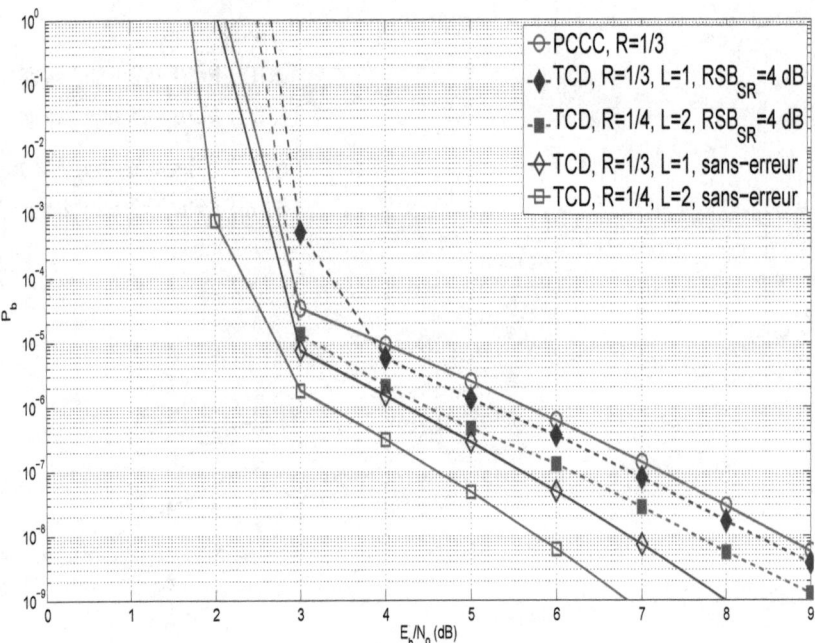

Figure 4.4.2:   *Performances du système de TCD en Mode I, $L = 1, 2$.*

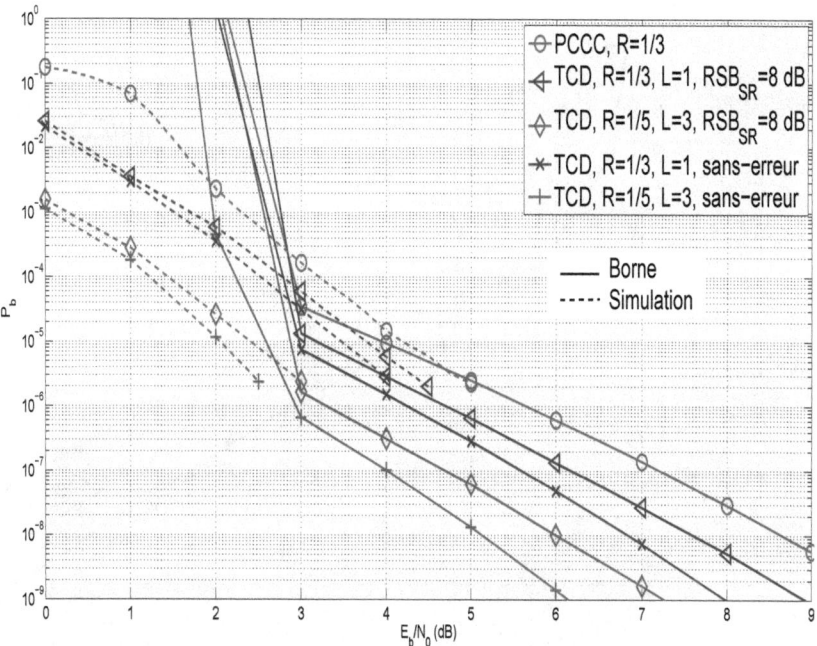

Figure 4.4.3: *Performances du système de TCD en Mode I, $L = 1, 3$.*

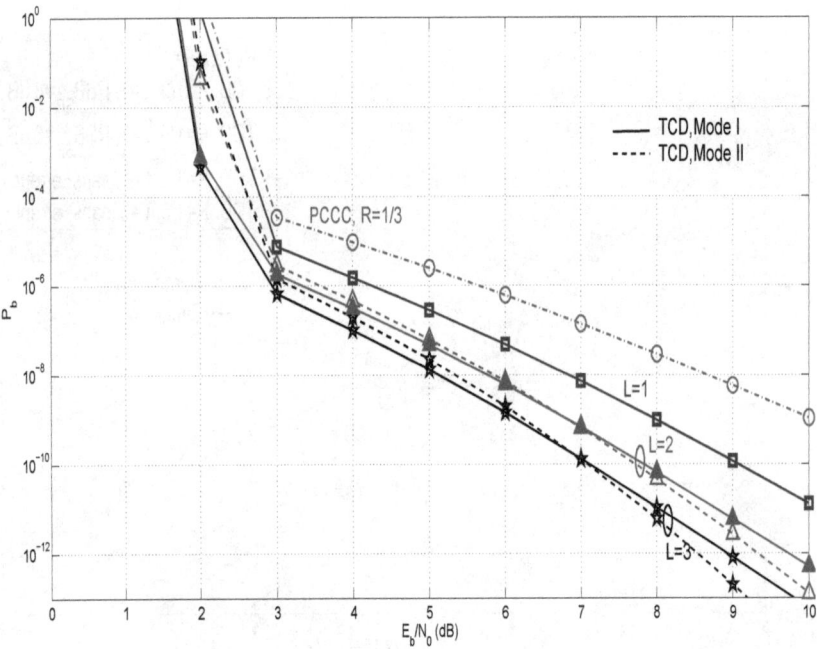

Figure 4.4.4:   *Performances du système de TCD avec relayage sans-erreur, Mode I vs Mode II, L = 1, 2 et 3.*

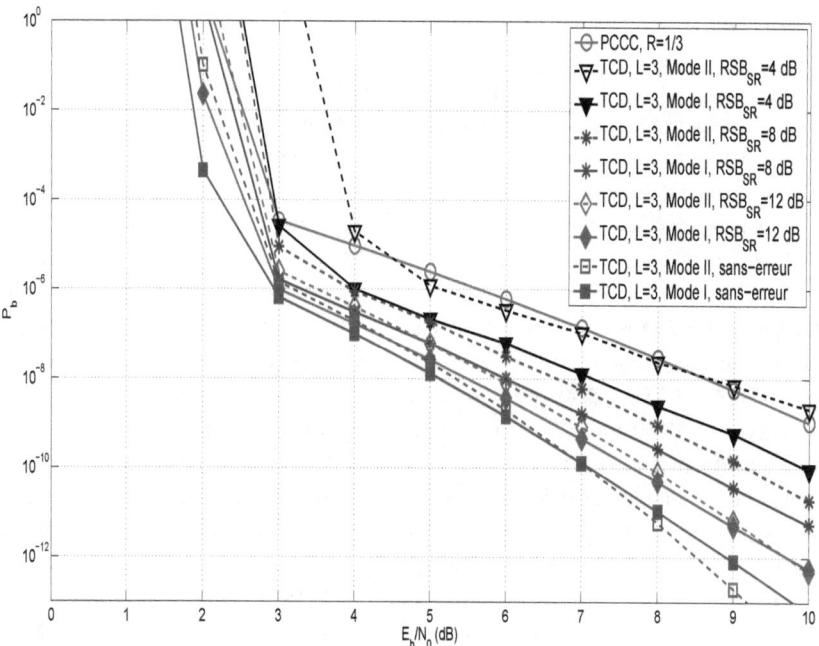

Figure 4.4.5: *Performances de système de TCD, Mode I vs Mode II, L = 3.*

et $R_m \to D$ possèdent le même RSB ($\bar{\gamma}_{SD} = \bar{\gamma}_{RD} = E_b/N_0$). Cependant, la moyenne des RSB pour les sous-canaux $S \to R_m : \bar{\gamma}_{SR}$ peut être différente.

Dans ce qui suit, nous exposons les performances du système de TCD représenté par le Mode I. Ces performances sont comparées au cas conventionnel de turbo-codage PCCC (non coopératif). Par la suite, nous illustrons une comparaison entre les deux modes Mode I et Mode II.

La figure 4.4.1 représente les limites supérieures de la PEB du système de TCD en Mode I pour $\bar{\gamma}_{SR} = 4\ dB$, $\bar{\gamma}_{SR} = 8\ dB$ et $\bar{\gamma}_{SR} = 12\ dB$. Ici, nous envisageons deux nœuds relais ($L = 2$). Lorsque $\bar{\gamma}_{SR}$ devient de plus en plus importante, la performance de la PEB convergent progressivement vers la performance de relayage sans-erreur. De ce fait, nous pouvons affirmer que le soft-DF au niveau des relais contribue efficacement dans le gain de diversité du système.

Dans la figure 4.4.2, pour $\bar{\gamma}_{SR} = 4\ dB$, nous montrons les performances du système de TCD en Mode I avec multiplication de relayage. Ici, nous considérons les deux cas $L = 1$ et $L = 2$. Pour $P_b = 10^{-8}$, un gain de $0,7\ dB$ est acquis lorsque le nombre des relais L passe de 1 à 2. Aussi, pour une détection sans-erreur au(x) niveau(x) de(s) relais par rapport au code turbo conventionnel, le gain augmente de $1,7\ dB$ pour un seul relais ($L = 1$) à $2,8\ dB$ pour deux relais ($L = 2$).

La figure 4.4.3 représente les courbes de la simulation de Monte Carlo et de l'étude théorique des performances du système de TCD en Mode I. L'entrelaceur utilisé dans la simulation est de type modulo de facteur 37 (sous-paragraphe 3.4.2). Nous considérons le relayage sans-erreur et avec-erreurs ($\bar{\gamma}_{SR} = 8\ dB$) en variant le nombre de nœuds relais ($L = 1$ et $L = 3$). Nous observons que les courbes de la simulation et de l'étude théorique fournissent un comportement complet de la PEB.

La figure 4.4.4 représente une comparaison des performances des deux modes (Mode I et Mode II) du système de TCD avec relayage sans-erreur. Pour $L = 1$, nous avons un comportement identique. Alors que pour $L > 1$, le gain de diversité du Mode II devient plus important que celui du Mode I pour des valeurs élevées de E_b/N_0.

Pour $L = 3$, la figure 4.4.5 représente une comparaison des performances des deux modes du système de TCD dans le cas le plus effectif (c.-à-d. relais avec-erreurs). Ici, nous remarquons que le Mode II ne peut être performant que pour des valeurs élevées de $\bar{\gamma}_{SR}$.

En conséquence, le comportement du Mode I est le meilleur pour des valeurs basses et moyennes de E_b/N_0 et de $\bar{\gamma}_{SR}$.

4.5 Conclusion

Nous avons développé des expressions de la PEP pour évaluer le comportement de convergence d'un système de TCD où le relais fonctionne selon le protocole soft-DF. Nous avons étudié deux modes de distribution. Nous avons montré que l'augmentation du nombre de relais améliore la conservation de l'information soft. Aussi, nous avons observé un gain de diversité additionnel dû à l'entrelacement supplémentaire. Enfin, le Mode I est le plus approprié dans le cas le plus effectif (c.-à-d. relais avec-erreurs).

Dans le chapitre suivant, nous présenterons notre propre proposition où nous ajoutons la coopération à la distribution afin d'améliorer de plus en plus le comportement de convergence.

Chapitre 5

SCHEMA DE TURBO-CODAGE COOPERATIF DISTRIBUE

5.1 Introduction

Dans ce chapitre, nous considérons un schéma de turbo-codage coopératif distribué (TCCD) où la source et les relais avec leurs antennes créent un tableau virtuel de transmission vers la destination. La stratégie de relayage utilisée est le soft-decode-and-forward (soft-DF).

La source est équipée d'un turbo-encodeur PCCC (c.-à-d. deux encodeurs RSC similaires concaténés en parallèle via un entrelaceur). Chaque relais est équipé d'un décodeur SiSo et d'un encodeur SiSo concaténés en série pour une régénération soft de message. L'encodeur SiSo garde les mêmes caractéristiques que l'encodeur RSC de la source. La destination est équipée d'un combineur MRC et d'un turbo-décodeur.

Le schéma de coopération est opérationnel comme suit : Dans une première période, le mot de code généré par le turbo-codage au niveau du nœud source est envoyé simultanément aux nœuds relais et destination. Tout relais décode et ré-encode la partie systématique pour une retransmission de la partie systématique et de la première partie de parité vers le nœud destination. Dans une deuxième période, les nœuds relais retransmettent les messages à travers des canaux orthogonaux. Au niveau du nœud destination, les versions reçues seront combinées en utilisant un combineur MRC. Comme dans la plupart des articles publiés sur ce sujet, la synchronisation est supposée parfaite. Enfin, les entrées du turbo-décodeur sont la séquence résultante de cette retransmission (la partie systématique et la première partie de parité) et la deuxième partie de parité issue de la source.

En supposant une modulation BPSK, nous analysons la performance du système proposé ci-dessus afin de montrer qu'il réalise des gains importants de codage et de diversité par rapport au turbo-codage ordinaire (c.-à-d. non-coopératif distribué).

5.2 Schéma Proposé de Codage

Le schéma proposé de TCCD fonctionne en envoyant la partie systématique et la première partie de parité du mot de turbo-code à travers $L + 1$ trajet à évanouissement indépendant. L est le nombre des nœuds relais utilisés pour la coopération. Nous employons une stratégie de relayage soft-DF au niveau des nœuds relais pour une régénération du signal en conservant l'information soft.

Le protocole de transmission mis en œuvre pour étudier le schéma proposé est le protocole I (figure 2.2.2). Lors du premier slot-time, le nœud source diffuse ses messages vers les nœuds destination et relais simultanément. Alors que pendant le deuxième slot-time, le nœud relais transmet la version soft-DF vers le nœud destination. La source, le $m^{ième}$ relais $(m = 1, 2, ...L)$ et la destination sont notés respectivement par S, R_m et D.

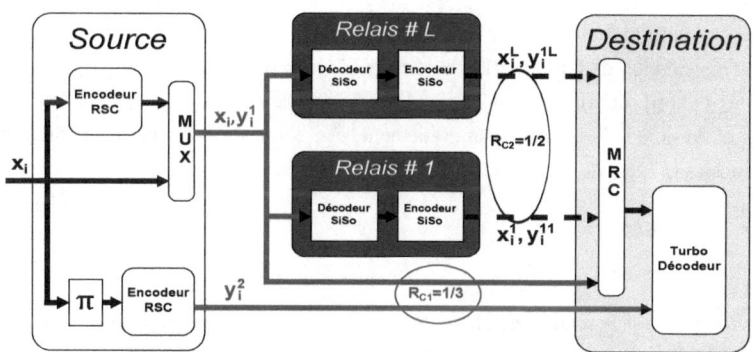

Figure 5.2.1:   *Schéma proposé de turbo-codage coopératif distribué.*

La figure 5.2.1 représente le schéma proposé de TCCD. Tout nœud est équipé d'un émetteur et d'un récepteur à une seule antenne. Nous supposons que la transmission est en mode half duplex.

Pour ce schéma proposé, le premier encodage RSC, générant la partie systématique et la première partie de parité du mot de turbo-code, est effectué d'une façon ordinaire au niveau du nœud source. Ici, comme le turbo-encodeur PCCC concatène parallèlement deux encodeurs RSC de rendement $\frac{1}{2}$ séparés par un entrelaceur, le rendement total du code est $\frac{1}{3}$. Par la suite, la partie systématique et la première partie de parité sont régénérées d'une manière soft au niveau du nœud relais. L'encodage dans les deux tentatives est pour les mêmes caractéristiques de code RSC. Enfin, au niveau du nœud destination, les répliques reçues de la part des nœuds source et relais sont combinées à l'aide de la technique de combinaison MRC. Alors que le deuxième encodage systématique, générant la deuxième partie de parité du mot de turbo-code, est généré pour une seule fois au niveau du nœud source.

Pour une modulation BPSK, les sous-canaux SD, SR_m et R_mD ($m = 1, 2, ...L$) sont à évanouissement de Rayleigh plat et indépendants. La description discrète du signal reçu sur une période de temps correspondant à chaque trajet est donnée par l'équation (4.2.1).

Pour une contrainte de mémoire est égale à deux ($m = 2$), la séquence d'entrée du turbo-encodeur est de taille K bits et le flux de sortie est de N bits où $N = 3(K + 2)$. Soient $x = [x_1, x_2, ..., x_K]$, $y^1 = [y_1^1, y_2^1, ..., y_K^1]$ et $y^2 = [y_1^2, y_2^2, ..., y_K^2]$ respectivement la séquence d'information systématique, la première partie et la deuxième partie de parité.

La transmission de l'information se déroule de la manière suivante :

Tout d'abord, durant le premier slot-time, la source diffuse $[x, y^1, y^2]$ vers les nœuds relais et le nœud destination simultanément. Au cours de cette première période de transmission, l'énergie moyenne du signal émis par la source vers les nœuds relais est donnée par :

$$E_{s,SR_m} = R_{c_1} E_{b,SR_m}, \ m = 1, ..., L, \tag{5.2.1}$$

où $R_{c_1} = \frac{1}{3}$ est le rendement du code généré au niveau du nœud source, E_{b,SR_m} est l'énergie moyenne par bit correspondante au trajet $S \rightarrow Rm$.

L'énergie du signal émis par la source vers le nœud destination est donnée par :

$$E_{s,SD} = R_{c_1} E_{b,SD} \qquad (5.2.2)$$

avec $E_{b,SD}$ est l'énergie moyenne par bit correspondante au trajet $S \to D$.

Au niveau de chaque relais, le décodeur SiSo décode la séquence reçue de $[x, y^1]$ pour qu'elle soit encodée ensuite par un encodeur SiSo de rendement $\frac{1}{2}$ (de même caractéristiques que l'encodeur RSC de la source). Le choix de la technique de soft-DF donne à la fois les avantages des deux techniques AF et DF. En fait, la régénération du signal avec cette technique préserve l'information soft et rapporte un gain de codage. Soient en sorties du $m^{ième}$ nœud relais les séquences $x^m = [x_1^m, x_2^m, ..., x_K^m]$ et $y^{1m} = [y_1^{1m}, y_2^{1m}, ..., y_K^{1m}]$.

Durant la deuxième période de transmission, les séquences $\left[(x^1, y^{11}), (x^2, y^{12}), ..., \left(x^L, y^{1L}\right)\right]$ vont être transmises à travers les L sous-canaux indépendants vers le nœud destination. Les énergies moyennes des signaux reçus au niveau du nœud destination sont données par :

$$E_{s,R_m D} = R_{c_2} \frac{E_{b,R_m D}}{L+1}, \ m = 1, ..., L, \qquad (5.2.3)$$

$$E_{s,SD} = R_{c_1} \frac{E_{b,SD}}{L+1}, \qquad (5.2.4)$$

où $R_{c_2} = \frac{1}{2}$ est le rendement du code généré dans chaque nœud relais et $1/(L+1)$ est le facteur donnant une répartition équitable de la puissance du signal provenant de tout nœud relais avec celle du nœud source.

Pour des canaux de Rayleigh totalement entrelacés (*fully interleaved*), après la traversée des signaux par tout nœud relais, la variance équivalente de bruit au niveau duplication nœud destination est donnée par l'équation (4.2.10).

Au niveau du nœud destination, après la réception des $L+1$ séquences, un combineur MRC les attend pour extraire la partie systématique et la première partie de parité. Enfin, en associant cette combinaison avec la deuxième partie de parité issue du nœud source, nous obtenons les entrées du turbo-décodeur.

5.3 Analyse des Performances

Dans ce paragraphe, nous évaluons les limites de performance du schéma proposé du canal à relais en termes de PEB au niveau de la destination. Nous appliquons les techniques de la fonction de transfert basée sur la borne de l'union.

D'abord nous considérons le cas du TCCD avec relayage sans-erreur. L'étude de ce cas permet la définition d'une borne inférieure de la performance. Ensuite, nous analysons le cas pratique où l'effet des erreurs au niveau des relais est pris en considération.

5.3.1 Cas des Relais Sans-Erreur

En cohérence avec la modulation BPSK, l'évaluation des performances dans un canal à évanouissement, dont le CSI est idéal, est représentée par la PEPC.

Au niveau du nœud destination, le schéma proposé de TCCD avec relayage sans-erreur donne lieu à deux séquences d'entrées pour le turbo-décodeur : $\left\{ \left(x', y^{1'} \right), y^{2'} \right\}$. $\left(x', y^{1'} \right)$ est la séquence résultante de la combinaison MRC où les nœuds relais et source répartissent équitablement leurs puissances. $y^{2'}$ correspond à la deuxième partie de parité y^2 provenant du nœud source. Ainsi, la PEPC est donnée par :

$$
\begin{aligned}
P\left(c_0, c_j \mid a_{SD}, a_{R_1D}, ..., a_{R_LD}\right) &= Q\left(sqrt\left(\frac{2}{N_0}\left(\frac{1}{L+1}\left(R_{c_1}E_{b,SD}\sum_{k=1}^{i+d_1}(a_{SD})_k^2 \right.\right.\right.\right. \\
&\left.\left. + \sum_{m=1}^{L} R_{c_2}E_{b,R_mD}\sum_{k=1}^{i+d_1}(a_{R_mD})_k^2 \right) + R_{c_1}E_{b,SD} \right. \\
&\left.\left.\left. \sum_{k=1}^{d_2}(a_{SD})_k^2 \right)\right)\right).
\end{aligned}
\tag{5.3.1}
$$

La PEP du schéma proposé de TCCD avec relayage sans-erreur est donnée par :

$$
\begin{aligned}
P_{2,SE}(d) &= \int_{(a_{SD})_1} ... \int_{(a_{SD})_d} \prod_{m=1}^{L} \int_{(a_{R_mD})_1} ... \int_{(a_{R_mD})_{i+d_1}} p(a_{SD})\,p(a_{R_mD}) \\
&\quad P\left(c_0, c_j \mid a_{SD}, a_{R_1D}, ..., a_{R_LD}\right) d(a_{R_mD})_1 ... d(a_{R_mD})_{i+d_1} \\
&\quad d(a_{SD})_1 ... d(a_{SD})_d,
\end{aligned}
\tag{5.3.2}
$$

où

$$P(a_{SD}) = \prod_{k=1}^{d} p((a_{SD})_k) \tag{5.3.3}$$

et

$$P(a_{R_m D}) = \prod_{k=1}^{i+d_1} p((a_{R_m D})_k). \tag{5.3.4}$$

Comme l'intégration numérique pour évaluer $P_{2,SE}(d)$ est complexe, nous résolvons ce problème en déduisant deux bornes supérieures :

Borne SE 1

En utilisant l'équation (3.5.10), la PEPC peut être bornée supérieurement comme suit :

$$
\begin{aligned}
P(c_0, c_j \mid a_{SD}, a_{R_1 D}, ..., a_{R_L D}) \ \leq\ & \frac{1}{2} exp\left(-\frac{R_{c_1} E_{b,SD}}{(L+1) N_0} \sum_{k=1}^{i+d_1} (a_{SD})_k^2\right) \\
& \prod_{m=1}^{L} exp\left(-\frac{R_{c_2} E_{b,R_m D}}{(L+1) N_0} \sum_{k=1}^{i+d_1} (a_{R_m D})_k^2\right) \\
& exp\left(-\frac{R_{c_1} E_{b,SD}}{N_0} \sum_{k=1}^{d_2} (a_{SD})_k^2\right).
\end{aligned}
\tag{5.3.5}
$$

En substituant cette borne dans l'équation (5.3.2), la borne supérieure de la PEP est donnée par :

$$P_{2,SE}(d) \leq \frac{1}{2}\left(1 + \frac{R_{c_1} E_{b,SD}}{(L+1) N_0}\right)^{-(i+d_1)} \prod_{m=1}^{L}\left(1 + \frac{R_{c_2} E_{b,R_m D}}{(L+1) N_0}\right)^{-(i+d_1)}\left(1 + \frac{R_{c_1} E_{b,SD}}{N_0}\right)^{-d_2}. \tag{5.3.6}$$

Borne SE 2

En utilisant l'équation (3.5.12), la PEPC peut être bornée comme suit :

$$P\left(c_0, c_j \mid a_{SD}, a_{R_1 D}, ..., a_{R_L D}\right) \leq \frac{1}{2} Q\left(sqrt\left(\frac{2}{(L+1) N_0}\left(R_{c_1} E_{b,SD} \sum_{k=1}^{i+d_1}(a_{SD})_k^2\right.\right.\right.$$

$$+ \left.\left.\left. \sum_{m=1}^{L} R_{c_2} E_{b,R_m D} \sum_{k=1}^{i+d_1}(a_{R_m D})_k^2\right)\right)\right)$$

$$exp\left(-\frac{R_{c_1} E_{b,SD}}{N_0} \sum_{k=1}^{d_2}(a_{SD})_k^2\right). \qquad (5.3.7)$$

En utilisant encore une fois l'équation (3.5.12), la borne de la PEPC devient :

$$P\left(c_0, c_j \mid a_{SD}, a_{R_1 D}, ..., a_{R_L D}\right) \leq \left(\frac{1}{2}\right)^{L+1} Q\left(sqrt\left(2\frac{R_{c_1} E_{b,SD}}{(L+1) N_0} \sum_{k=1}^{i+d_1}(a_{SD})_k^2\right)\right)$$

$$\prod_{m=1}^{L} exp\left(-\frac{R_{c_2} E_{b,R_m D}}{(L+1) N_0} \sum_{k=1}^{i+d_1}(a_{R_m D})_k^2\right)$$

$$exp\left(-\frac{R_{c_1} E_{b,SD}}{N_0} \sum_{k=1}^{d_2}(a_{SD})_k^2\right). \qquad (5.3.8)$$

Finalement, la PEPC est bornée supérieurement comme suit :

$$P\left(c_0, c_j \mid a_{SD}, a_{R_1 D}, ..., a_{R_L D}\right) \leq \left(\frac{1}{2}\right)^{L+1} Q\left(sqrt\left(2\frac{R_{c_1} E_{b,SD}}{(L+1) N_0}(a_{SD})_1^2\right)\right)$$

$$exp\left(-\frac{R_{c_1} E_{b,SD}}{(L+1) N_0} \sum_{k=2}^{i+d_1}(a_{SD})_k^2\right)$$

$$\prod_{m=1}^{L} exp\left(-\frac{R_{c_2} E_{b,R_m D}}{(L+1) N_0} \sum_{k=1}^{i+d_1}(a_{R_m D})_k^2\right)$$

$$exp\left(-\frac{R_{c_1} E_{b,SD}}{N_0} \sum_{k=1}^{d_2}(a_{SD})_k^2\right). \qquad (5.3.9)$$

En substituant cette borne dans l'équation (5.3.2), la borne supérieure de la PEP est donnée par :

$$P_{2,SE}(d) \leq \left(\frac{1}{2}\right)^{L+1} \left(1 + \frac{R_{c_1} E_{b,SD}}{(L+1) N_0}\right)^{1-(i+d_1)} \left(1 - \sqrt{\delta_L}\right)$$

$$\prod_{m=1}^{L} \left(1 + \frac{R_{c_2} E_{b,R_m D}}{(L+1) N_0}\right)^{-(i+d_1)} \left(1 + \frac{R_{c_1} E_{b,SD}}{N_0}\right)^{-d_2}, \quad (5.3.10)$$

où

$$\delta_L = \frac{R_{c_1} E_{b,SD} / (L+1) N_0}{1 + R_{c_1} E_{b,SD} / (L+1) N_0}. \quad (5.3.11)$$

5.3.2 Cas des Relais Avec-Erreurs

Dans ce paragraphe, nous étudions le cas le plus réaliste où tous les relais soft-DF peuvent introduire des erreurs sur le message reçu de la source. Nous supposons que $a_{SD}, a_{SR_1}, ... a_{SR_L}, a_{R_1 D}, ..., a_{R_L D}$ sont mutuellement indépendants. L'expression de la PEP prend en considération deux parties : une illustre le cas de la non-coopération et une autre interprète le soft-DF au niveau de tous les relais (tous les relais coopèrent). La PEPC peut être exprimée comme suit :

$$P(c_0, c_j \mid a_{SD}, a_{SR_1}, ..., a_{SR_L}, a_{R_1 D}, ..., a_{R_L D}) = Q\left(\sqrt{2R_{c_1} \frac{E_{b,SD}}{N_0} \sum_{k=1}^{d}(a_{SD})_k^2}\right)$$

$$\prod_{m=1}^{L} Q\left(\sqrt{2R_{c_1} \frac{E_{b,SR_m}}{N_0} \sum_{k=1}^{i+d_1}(a_{SR_m})_k^2}\right) + \prod_{m=1}^{L}\left(1 - Q\left(\sqrt{2R_{c_1} \frac{E_{b,SR_m}}{N_0} \sum_{k=1}^{i+d_1}(a_{SR_m})_k^2}\right)\right)$$

$$Q\left(sqrt\left(2\left(\frac{1}{L+1}\left(R_{c_1} \frac{E_{b,SD}}{N_0} \sum_{k=1}^{i+d_1}(a_{SD})_k^2 + \sum_{m=1}^{L} R_{c_2} \left(\frac{E_{b,R_m D}}{N_0}\right)_{eq} \sum_{k=1}^{i+d_1}(a_{R_m D})_k^2\right)\right.\right.$$

$$\left.\left.+R_{c_1} \frac{E_{b,SD}}{N_0} \sum_{k=1}^{d_2}(a_{SD})_k^2\right)\right)\right). \quad (5.3.12)$$

Au niveau du nœud destination, le passage par les relais (avec-erreurs) produit une variance de bruit équivalente : $\left(\frac{E_{b,R_m D}}{N_0}\right)_{eq}$.

La PEP est donnée par l'expression suivante :

$$
\begin{aligned}
P_{2,Soft-DF}(d) = {} & \int_{(a_{SD})_1} \cdots \int_{(a_{SD})_d} \prod_{m=1}^{L} \int_{(a_{SR_m})_1} \cdots \int_{(a_{SR_m})_{i+d_1}} \int_{(a_{R_mD})_1} \cdots \int_{(a_{R_mD})_{i+d_1}} \\
& p(a_{SD})\, p(a_{SR_m})\, P(c_0,c_j \mid a_{SD}, a_{SR_1}, ..., a_{SR_L}, a_{R_1D}, ..., a_{R_LD}) \\
& p(a_{R_mD})\, d(a_{SR_m})_1 ... d(a_{SR_m})_{i+d_1} d(a_{R_mD})_1 ... d(a_{R_mD})_{i+d_1} \\
& d(a_{SD})_1 ... d(a_{SD})_d, \hspace{4cm} (5.3.13)
\end{aligned}
$$

où

$$
P(a_{SR_m}) = \prod_{k=1}^{i+d_1} p((a_{SR_m})_k). \hspace{3cm} (5.3.14)
$$

Borne soft-DF 1

En utilisant l'équation (3.5.10), la borne supérieure de la PEP est donnée par :

$$
\begin{aligned}
P_{2,Soft-DF}(d) \leq {} & \frac{1}{2}\left(1+R_{c_1}\frac{E_{b,SD}}{N_0}\right)^{-d} \prod_{m=1}^{L} \frac{1}{2}\left(1+R_{c_1}\frac{E_{b,SR_m}}{N_0}\right)^{-(i+d_1)} + \prod_{m=1}^{L} \\
& \left(1-\frac{1}{2}\left(1+R_{c_1}\frac{E_{b,SR_m}}{N_0}\right)^{-(i+d_1)}\right)\frac{1}{2}\left(1+\frac{R_{c_1}}{(L+1)}\frac{E_{b,SD}}{N_0}\right)^{-(i+d_1)} \\
& \prod_{m=1}^{L}\left(1+\frac{R_{c_2}}{(L+1)}\left(\frac{E_{b,R_mD}}{N_0}\right)_{eq}\right)^{-(i+d_1)}\left(1+R_{c_1}\frac{E_{b,SD}}{N_0}\right)^{-d_2} (5.3.15)
\end{aligned}
$$

Borne soft-DF 2

En utilisant l'équation (3.5.12), la borne supérieure de la PEP est donnée par :

$$P_{2,Soft-DF}(d) \leq \frac{1}{2}\left(1 - \sqrt{\delta}\right)\left(1 + R_{c_1}\frac{E_{b,SD}}{N_0}\right)^{1-d} \prod_{m=1}^{L} \frac{1}{2}\left(1 + R_{c_1}\frac{E_{b,SR_m}}{N_0}\right)^{1-(i+d_1)}$$

$$\left(1 - \sqrt{\delta_m}\right) + \prod_{m=1}^{L}\left(1 - \frac{1}{2}\left(1 - \sqrt{\delta_m}\right)\left(1 + R_{c_1}\frac{E_{b,SR_m}}{N_0}\right)^{1-(i+d_1)}\right)$$

$$\left(\frac{1}{2}\right)^{L+1}\left(1 - \sqrt{\delta_L}\right)\left(1 + \frac{R_{c_1}}{(L+1)}\frac{E_{b,SD}}{N_0}\right)^{1-(i+d_1)}$$

$$\prod_{m=1}^{L}\left(1 + \frac{R_{c_2}}{(L+1)}\left(\frac{E_{b,R_mD}}{N_0}\right)_{eq}\right)^{-(i+d_1)}\left(1 + R_{c_1}\frac{E_{b,SD}}{N_0}\right)^{-d_2}, (5.3.16)$$

où

$$\delta = \frac{R_{c_1}E_b/N_0}{1 + R_{c_1}E_b/N_0} \tag{5.3.17}$$

et

$$\delta_m = \frac{R_{c_1}E_{b,SR_m}/N_0}{1 + R_{c_1}E_{b,SR_m}/N_0}. \tag{5.3.18}$$

5.4 Résultats et Simulations

Les résultats présentés dans ce paragraphe sont pour une modulation BPSK où les différents sous-canaux $S \to D$, $S \to R_m$ et $R_m \to D$ $(m = 1, 2, ..., L)$ sont supposés à évanouissement de Rayleigh, indépendants et pleinement entrelacés avec CSI idéal.

Les performances de PCCC, utilisant deux encodeurs RSC *hard* pour un turbo-encodage ordinaire et un supplémentaire *soft* au niveau de chaque relais pour un TCCD, sont examinées. Tous les encodeurs sont supposés de même générateur polynômial et de même rendement $R_{enc} = \frac{1}{2}$. Nous étudions le comportement de convergence des deux générateurs polynômiaux $(1, 7/5)$ et $(1, 5/7)$. Au niveau de la destination, le décodage itératif PCCC, utilisant l'algorithme MAP [71], fonctionne selon le principe de turbo-décodage [66].

Généralement, dans les analyses d'un tel schéma de CC, les RSB entre les nœuds source et relais $(S \to R_m)$ sont variables. Ceci incorpore différentes topologies de ré-

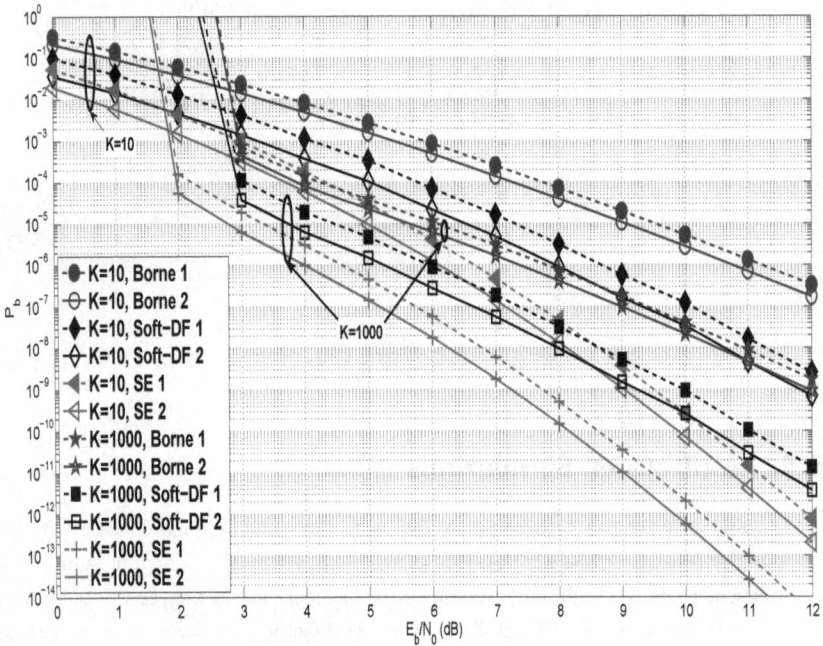

Figure 5.4.1: *Performances du schéma proposé de TCCD, PCCC* $(1, 7/5, 7/5)$, $L = 0, 1$, *$K = 10$ et $K = 1000$.*

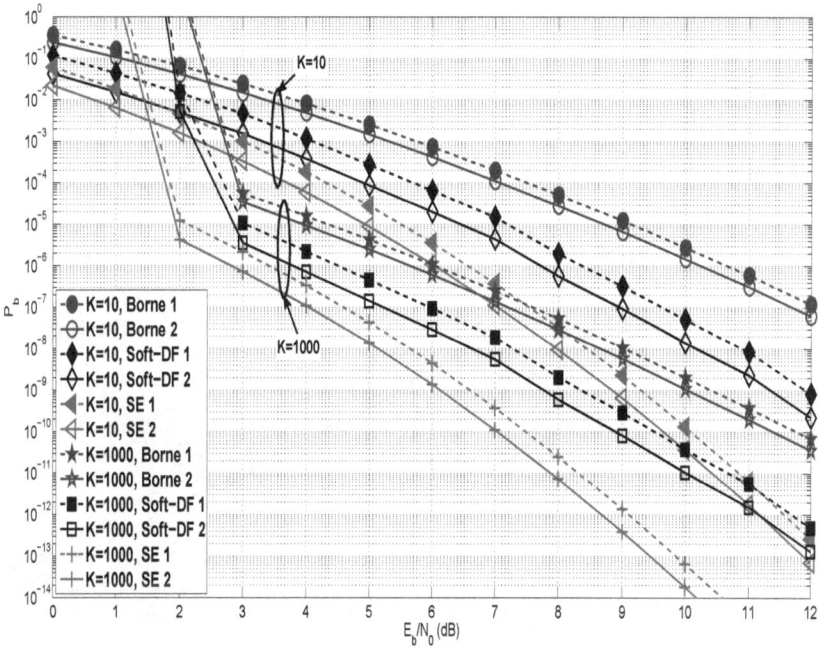

Figure 5.4.2: *Performances du schéma proposé de TCCD, PCCC* $(1, 5/7, 5/7)$, $L = 0, 1$, $K = 10$ *et* $K = 1000$.

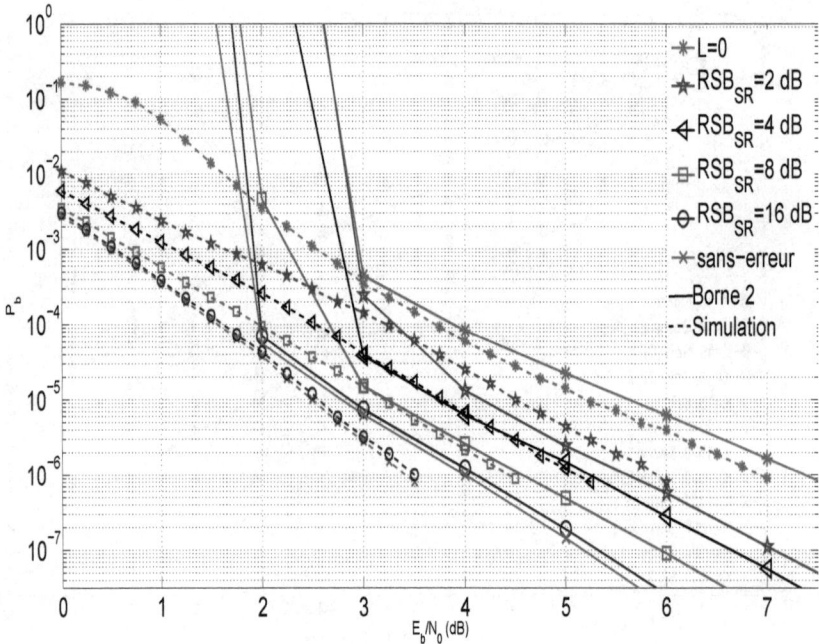

Figure 5.4.3: *Performances du schéma proposé de TCCD, PCCC* $(1, 7/5, 7/5)$, *Option 2,* $L = 0, 1$, $K = 1000$.

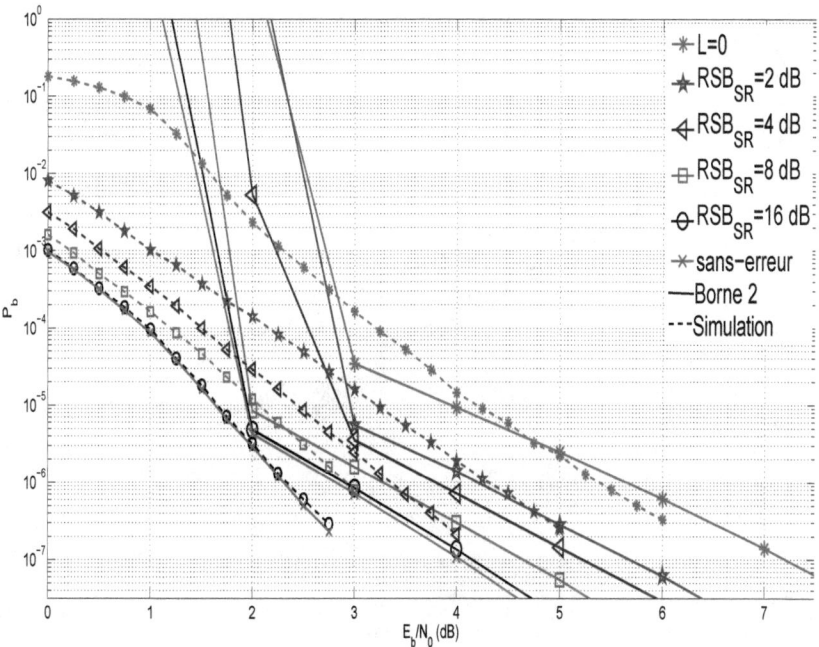

Figure 5.4.4: *Performances du schéma proposé de TCCD, PCCC $(1,5/7,5/7)$, Option 2, $L = 0, 1$, $K = 1000$.*

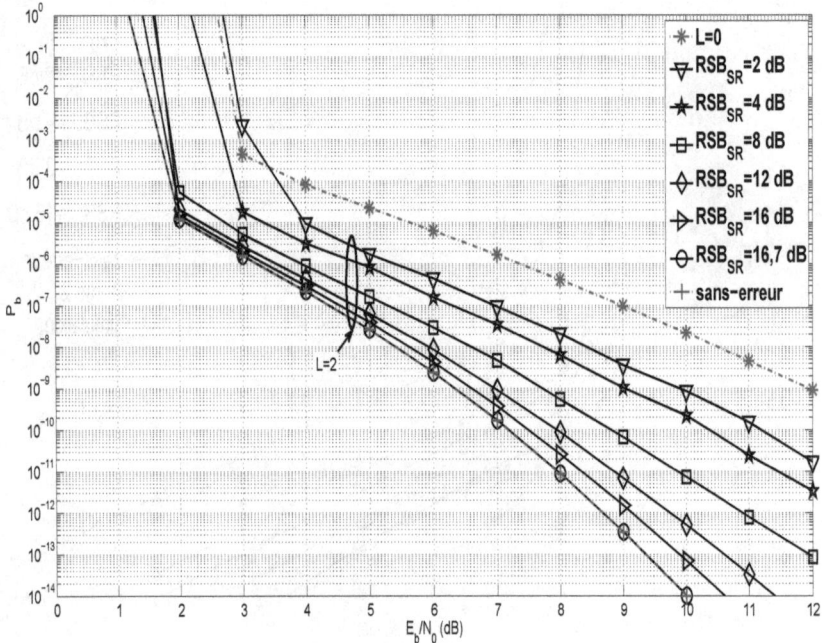

Figure 5.4.5: *Performances du schéma proposé de TCCD, PCCC* $(1, 7/5, 7/5)$, *Option 2, $L = 0, 2$, $K = 1000$.*

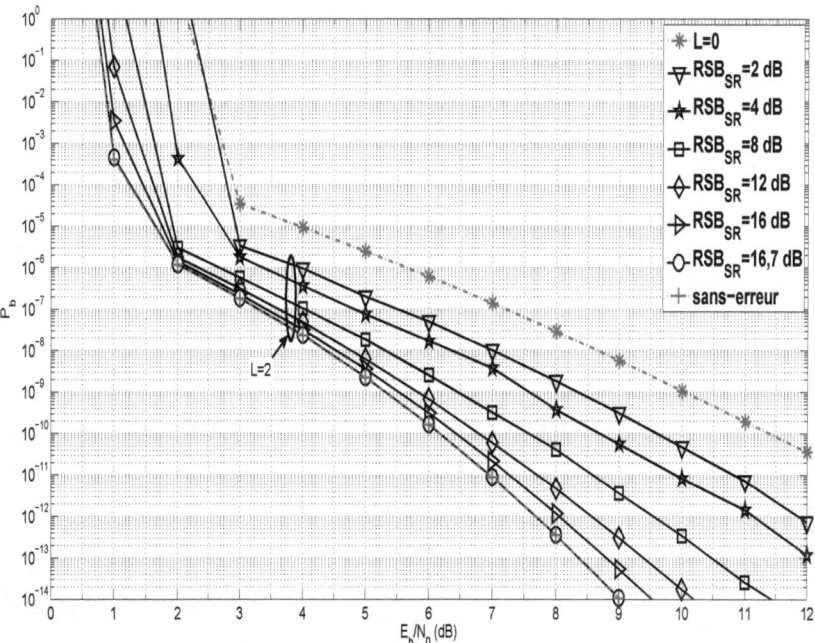

Figure 5.4.6: *Performances du schéma proposé de TCCD, PCCC* $(1, 5/7, 5/7)$, *Option 2, L* $= 0, 2, K = 1000$.

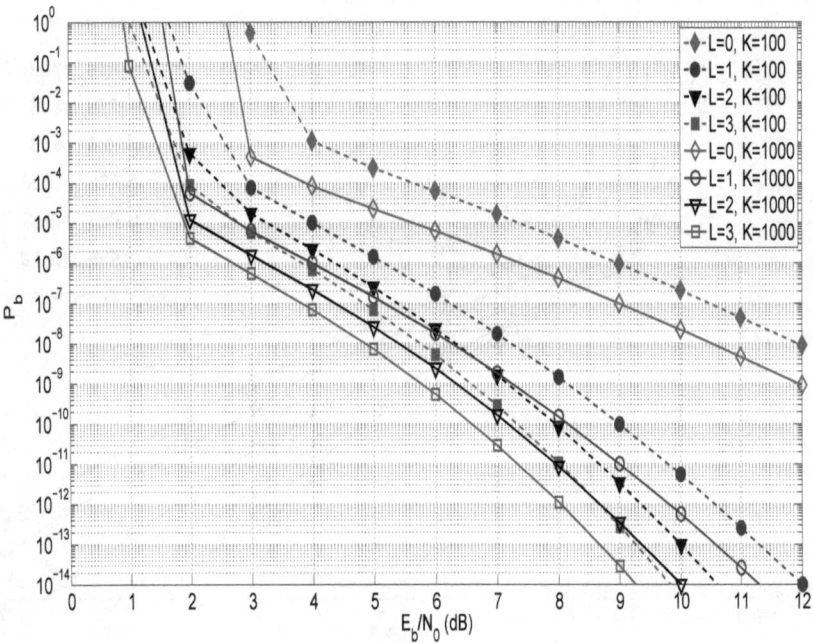

Figure 5.4.7: *Performances du schéma proposé de TCCD pour des relais sans erreur,*
PCCC $(1, 7/5, 7/5)$, Option 2, $L = 0, 1, 2, 3$, $K = 100$ et $K = 1000$.

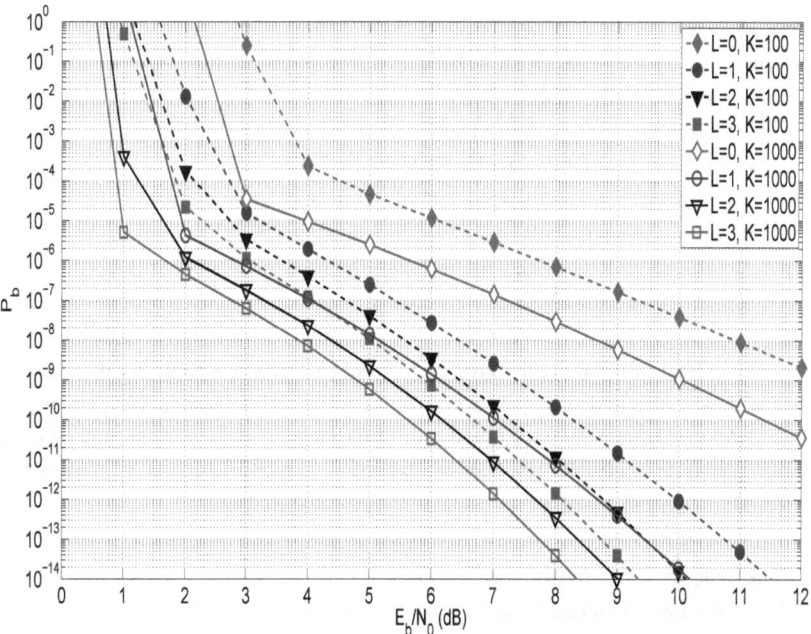

Figure 5.4.8: *Performances du schéma proposé de TCCD pour des relais sans erreur, PCCC $(1, 5/7, 5/7)$, Option 2, $L = 0, 1, 2, 3$, $K = 100$ et $K = 1000$.*

seau et distances entre les nœuds source et relais. Cependant, nous supposons qu'à travers un contrôle de puissance parfait, les moyennes des RSB pour tous les sous-canaux $S \to R_m$ sont égales ($\bar{\gamma}_{SR_1} = \bar{\gamma}_{SR_2} = ... = \bar{\gamma}_{SR_L} = \bar{\gamma}_{SR}$) et de même pour $R_m \to D$ ($\bar{\gamma}_{R_1 D} = \bar{\gamma}_{R_2 D} = ... = \bar{\gamma}_{R_L D} = \bar{\gamma}_{RD}$). Aussi, nous supposons que les sous-canaux $S \to D$ et $R_m \to D$ possèdent le même RSB ($\bar{\gamma}_{SD} = \bar{\gamma}_{RD} = E_b/N_0$). Cependant, la moyenne des RSB pour les sous-canaux $S \to R_m$: $\bar{\gamma}_{SR}$ peut être différente.

Les performances du schéma proposé de TCCD employant L-relais en mode soft-DF sont analysées et comparées avec le schéma des turbo-codes PCCC conventionnel ($L = 0$, déjà représentées dans le chapitre 3).

Les deux figures 5.4.1 et 5.4.2 montrent les performances du schéma proposé de TCCD pour 1-relais respectivement pour les PCCC $(1, 7/5, 7/5)$ et $(1, 5/7, 5/7)$. Ici, les longueurs de blocs sont $K = 10$ *bits* et $K = 1000$ *bits*. Les performances de relayage sans-erreur et avec-erreurs où $\bar{\gamma}_{SR} = 4$ dB sont illustrées. En plus, les deux bornes correspondantes à chaque mode sont représentées. Pour des valeurs importantes de E_b/N_0, ces deux figures montrent que la convergence du décodage du schéma proposé de TCCD devient plus intéressante. En outre, les effets de l'augmentation de la longueur de bloc ($K = 10 \to 1000$ *bits*) ont été montrés. Dans [78], il est mentionné que le gain d'entrelacement d'une longueur de bloc par rapport à une autre est proportionnel à $1/k$ pour tout RSC où k est le taux de croissance entre les deux longueurs. Par conséquent, pour une augmentation de la longueur de bloc de 10 à 1000, la performance en PEB s'améliore de $1/100$. Ceci est clairement vérifié en regardant les figures. Aussi, les bornes utilisant l'équation (3.5.10) sont plus étroites que celles utilisant l'équation (3.5.12).

Dans les figures qui suivent, nous montrons les bornes utilisant l'équation (3.5.12).

Pour des valeurs faibles de E_b/N_0 et une longueur importante de bloc, l'évaluation analytique de la performance du schéma proposé de TCCD exploitant le soft DF est difficile. En fait, le comportement de la PEB apparaît comme divergente contrairement à la réalité. Par conséquent, nous devons étudier ce cas par le biais de la simulation de Monte Carlo. Les figures 5.4.3 et 5.4.4 représentent les bornes supérieures de la PEB du schéma proposé de TCCD ainsi que son comportement par la simulation de Monte Carlo pour $\bar{\gamma}_{SR} = 2$ dB, $\bar{\gamma}_{SR} = 4$ dB, $\bar{\gamma}_{SR} = 8$ dB and $\bar{\gamma}_{SR} = 16$ dB. Ici, nous considérons le cas d'un relais ($L = 1$). L'entrelaceur utilisé dans la simulation est de type modulo de facteur 37 (sous-paragraphe 3.4.3) pour une longueur de bloc $K = 1000$ *bits*. En exploitant le soft-DF, ces figures montrent un comportement de convergence qui évolue significativement en augmentant la valeur de $\bar{\gamma}_{SR}$. Pour $\bar{\gamma}_{SR} = 16,73\ dB$, la performance de TCCD avec relayage avec-erreurs converge vers celle sans-erreur. De ce fait, nous pouvons confirmer que les relais en mode soft-DF contribuent à l'augmentation du gain de diversité pour les systèmes de communication sans fils.

Pour montrer l'efficacité de soft-DF pour un TCCD, nous passons à l'analyse des performances de deux relais ($L = 2$). Similairement au schéma de TCCD à 1- relais, nous observons à partir des figures 5.4.5 et 5.4.6 que l'usage de soft-DF conserve l'ordre de diversité pour un certain seuil de $\bar{\gamma}_{SR}$. Il fournit aussi un gain de codage considérable. Par exemple, pour le cas de PCCC $(1, 7/5, 7/5)$, $\bar{\gamma}_{SR} = 8\ dB$ et $P_b = 10^{-7}$, le gain est à peu prés $3,7\ dB$. En outre, il est clair que pour $\bar{\gamma}_{SR} = 16,7\ dB$, la performance converge vers le cas idéal (relayage sans-erreur). Alors, encore une fois avec ce schéma proposé de TCCD, nous garantissons à la fois la conservation de l'information soft et l'obtention d'un gain additionnel d'entrelacement.

Les deux figures 5.4.7 et 5.4.8 représentent les bornes supérieures de la PEB dans les cas où $L = 1$, 2 et 3. Dans ces figures, nous considérons le cas où les relais sont sans-erreur et les longueurs de bloc sont respectivement $K = 100\ bits$ et $K = 1000\ bits$. Comme illustré par les figures, l'effet de la croissance de la longueur de bloc sur les performances est une amélioration approximative de 1/10 en PEB. Le gain de diversité atteint en utilisant différents nombres de relais est aussi prouvé.

5.5 Conclusion

Nous avons présenté notre schéma de TCCD en nous basant sur une architecture PCCC et en employant un relayage soft. A travers ce schéma proposé, nous avons montré un meilleur compromis entre la performance de diversité et le gain fourni par le codage. En effet, nous avons illustré, à travers les résultats des analyses et des simulations, les avantages desquels découlent la conservation de l'information soft et l'obtention d'un gain additionnel d'entrelacement. Pour le canal à L relais, le schéma proposé de TCCD aboutit à une diversité totale relativement au cas du codage non coopératif.

Dans le chapitre suivant, nous montrerons une technique pour améliorer la fiabilité de détection au niveau de relais pour le cas avec-erreurs.

Chapitre 6

SELECTION
D'ANTENNE/RELAYAGE-SOFT

6.1 Introduction

Dans ce chapitre, nous analysons l'impact de la sélection antenne/relais sur la performance des réseaux coopératifs, particulièrement, dans le cas du schéma proposé de TCCD introduit au chapitre 5. Pour réduire la complexité du système, nous étudions le cas d'un seul nœud relais équipé de n_R antennes où la meilleure sera sélectionnée. Le critère de sélection est la qualité des sous-canaux source-relais en termes de RSB (à la réception au niveau du nœud relais). Cette dernière hypothèse est essentielle pour préserver la structure originale des systèmes MIMO distribués où chaque nœud relais est équipé d'une antenne et d'une chaîne RF.

Pour ce scénario, en employant le soft-DF comme technique de relayage, nous dérivons des bornes supérieures de la PEB pour une modulation BPSK. Les différents sous-canaux sont supposés à évanouissement de Rayleigh, indépendants et pleinement entrelacés avec CSI idéal. A travers ce schéma proposé, nous cherchons à montrer analytiquement que nous pouvons atteindre la pleine diversité contrairement au cas sans sélection d'antenne.

Dans ce même contexte, en termes d'analyse des performances, la sélection de relais donne exactement les mêmes résultats que le cas de la sélection d'antenne malgré la dissimilitude de déploiement. En effet, la sélection de relais nécessite un retour (feedback) du degré de fiabilité à la source pour décider lequel des relais sera sélectionné, alors ce n'est pas le cas pour la sélection d'antenne. D'autre part, avec la sélection de relais, le problème de la corrélation spatiale causé par la colocalisation des antennes peut être évité lorsque tout relais est équipé d'antenne unique. Egalement, nous pouvons envisager le cas d'antennes multiples, respectivement relais multiples.

6.2 Schéma Proposé

Nous étudions le schéma de TCCD, proposé dans le chapitre 5, à un seul relais. Ici, ce nœud est équipé de n_R antennes. Les deux parties systématique et première parité du mot de turbo-code sont transmises via $n_R + 1$ trajets à évanouissement indépendants. Seule la meilleure antenne serait sélectionnée selon le meilleur sous-canal source-relais en termes de RSB. Puis, nous utilisons un relayage soft pour la régénération du signal afin de conserver l'information soft.

Lors de la première période de transmission, le nœud source diffuse son propre message vers les nœuds destination et relais. Alors que pendant la seconde période, le nœud relais transmet la version soft vers le nœud destination. La figure 6.2.1 représente le schéma proposé de la sélection d'antenne/relayage-soft.

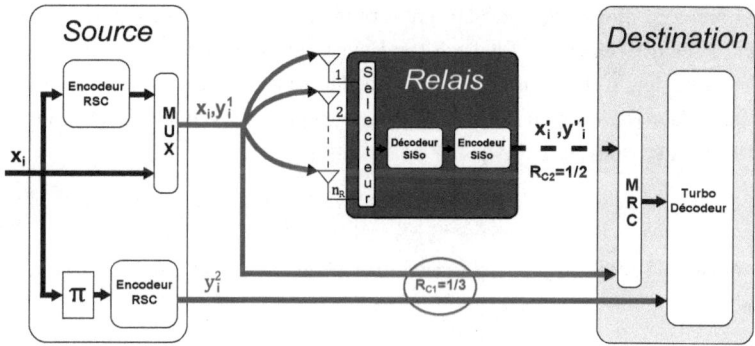

Figure 6.2.1: *Schéma proposé de la sélection d'antenne/relayage-soft.*

Les nœuds source, relais et destination sont respectivement notés par S, R et D. Pour une modulation BPSK, les sous-canaux SD, SR_j $(j = 1, 2, ..., n_R)$ et RD sont à évanouissement de Rayleigh plat et indépendants.

La transmission de l'information se déroule de la manière suivante :

Tout d'abord, durant la première période, la source diffuse $[x, y^1, y^2]$ vers les nœuds relais et le nœud destination simultanément. Au cours de cette première période de transmission, l'énergie moyenne du signal émis par la source vers le nœud relais est donnée par :

$$E_{s,SR_j} = R_{c_1} E_{b,SR_j}, \ j = 1, 2, ..., n_R, \qquad (6.2.1)$$

où $R_{c_1} = \frac{1}{3}$ est le rendement du code généré au niveau du nœud source, E_{b,SR_j} est l'énergie moyenne par bit correspondante au trajet $S \rightarrow R_j$ $(j = 1, 2, ..., n_R)$.

L'énergie du signal émis par la source vers le nœud destination est donnée par :

$$E_{s,SD} = R_{c_1} E_{b,SD}, \qquad (6.2.2)$$

où $E_{b,SD}$ est l'énergie moyenne par bit correspondante au trajet $S \rightarrow D$.

Au niveau du nœud relais, le décodeur SiSo décode la meilleure séquence sélectionnée de $[x, y^1]$ pour qu'elle soit encodée ensuite par un encodeur SiSo de rendement $\frac{1}{2}$ (de mêmes caractéristiques que l'encodeur RSC de la source). Ici, la régénération du signal avec la technique de relayage soft-DF préserve l'information soft et rapporte un gain de codage. Pour des canaux de Rayleigh totalement entrelacés (*fully interleaved*), nous allons établir une estimation de la variation de bruit de la sélection d'antenne/relayage-soft à la sortie du nœud relais. Ce dernier emploie n_R antennes dont la meilleure est sélectionnée. Nous estimons que [56] :

$$a_{SR_1}^2 \leq a_{SR_2}^2 \leq ... \leq a_{SR_{n_R}}^2. \qquad (6.2.3)$$

La valeur de LLR $\Lambda_{SR_j,in}$ à la réception du $j^{ième}$ antenne peut être calculée sous cette forme :

$$\Lambda_{SR_j,in} = 2 \left(\frac{a_{SR_j}}{\sigma_{\eta_{SR}}} \right)_{in}^2 \left(z_{SR} + \left(\frac{\eta_{SR}}{a_{SR_j}} \right)_{in} \right). \qquad (6.2.4)$$

A partir des équations (6.2.3) et (6.2.4), pour tout coefficient d'évanouissement a_{SR_j} variant pour chaque symbole binaire transmis z_{SR} (c.-à-d. $j = 1, 2, ... n_R$), nous avons :

$$\bar{\Lambda}_{SR,in} = \frac{1}{n_R} \sum_{j=1}^{n_R} \Lambda_{SR_j,in} \leq \Lambda_{SR_{n_R},in}. \tag{6.2.5}$$

Par analogie, la valeur de LLR $\Lambda_{SR,out}$ à la sortie du décodeur SiSo est supérieure ou égale à cette moyenne :

$$\bar{\Lambda}_{SR,out} = \frac{1}{n_R} \sum_{j=1}^{n_R} 2 \left(\frac{a_{SR_j}}{\sigma_{\eta_{SR}}} \right)_{out}^2 \left(x_{SR} + \left(\frac{\eta_{SR}}{a_{SR_j}} \right)_{out} \right). \tag{6.2.6}$$

$\left(\frac{\eta_{SR}}{a_{SR}} \right)_{out}$ suit une distribution gaussienne de variance $\left(\frac{\sigma_{\eta_{SR}}}{a_{SR}} \right)_{out}^2$ et de moyenne nulle, ce qui donne :

$$var\left(\bar{\Lambda}_{SR,out} \right) = \frac{4}{n_R} \left(\left(\frac{a_{SR}}{\sigma_{\eta_{SR}}} \right)_{out}^4 + \left(\frac{a_{SR}}{\sigma_{\eta_{SR}}} \right)_{out}^2 \right). \tag{6.2.7}$$

Par la suite,

$$\left(\frac{a_{SR}}{\sigma_{\eta_{SR}}} \right)_{out} = \sqrt{\frac{-1 + \sqrt{1 + var\left(\bar{\Lambda}_{SR,out} \right) n_R}}{2}}. \tag{6.2.8}$$

$\left(\frac{a_{SR}}{\sigma_{\eta_{SR}}} \right)_{out}$ est évalué en utilisant la simulation de Monte Carlo.

Durant la deuxième période de transmission, les énergies moyennes des signaux reçus au niveau du nœud destination sont données par :

$$E_{s,RD} = R_{c_2} \alpha E_{b,RD}, \tag{6.2.9}$$

$$E_{s,SD} = R_{c_1} (1 - \alpha) E_{b,SD}, \tag{6.2.10}$$

où $R_{c_2} = \frac{1}{2}$ est le rendement de code généré dans chaque nœud relais et $0 \leq \alpha < 1$ est le facteur de la répartition de la puissance du signal provenant du nœud relais durant la deuxième période.

Après la traversée du nœud relais, en arrivant au nœud destination la variance équivalente de bruit est donnée par :

$$\sigma^2_{\eta_{RD},eq} \simeq \left(\frac{\sigma_{\eta_{SR}}}{a_{SR}}\right)^2_{out} + \left(\frac{\sigma_{\eta_{RD}}}{a_{RD}}\right)^2. \tag{6.2.11}$$

Au niveau du nœud destination, aprés la réception des deux versions, une combinaison de la partie systématique et de la première partie de parité aura lieu en utilisant un MRC. Enfin, en associant ces dernières à la deuxième partie de parité issue du nœud source, nous obtenons les entrées du turbo-décodeur.

6.3 Analyse des Performances

Dans ce paragraphe, nous évaluons les limites de performance de la sélection d'antenne/ relayage-soft pour le schéma proposé de TCCD en termes de PEB. Nous appliquons les techniques de la fonction de transfert basée sur la borne de l'union.

D'abord nous considérons le cas avec relayage sans-erreur. Ici, il s'agit du cas sans-erreur généralisé (c.-à-d. sans et avec sélection) pour le schéma proposé de TCCD à un seul relais. L'étude de ce cas permet l'obtention d'une borne inférieure de la performance. Ensuite, nous analysons le cas effectif de la sélection où nous marquons des erreurs au niveau du nœud relais.

6.3.1 Cas de Relais Sans-Erreur

Pour une modulation BPSK et CSI idéal, nous allons commencer par évaluer la PEPC.

Au niveau du nœud destination, le schéma proposé de TCCD avec relayage sans-erreur donne lieu à deux séquences d'entrées pour le turbo-décodeur : $\left\{\left(x', y^{1'}\right), y^{2'}\right\}$. $\left(x', y^{1'}\right)$ est la séquence résultante du MRC. $y^{2'}$ correspond à la deuxième partie de parité y^2 provenant du nœud source. Ainsi, la PEPC est donnée par :

$$
\begin{aligned}
P\left(c_0, c_j \mid a_{SD}, a_{RD}\right) = {} & Q\left(sqrt \left(2 \left(R_{c_1} \frac{E_{b,SD}}{N_0} \left((1-\alpha) \sum_{k=1}^{i+d_1} (a_{SD})^2_k + \sum_{k=1}^{d_2} (a_{SD})^2_k \right) \right.\right.\right. \\
& \left.\left.\left. + R_{c_2} \alpha \frac{E_{b,RD}}{N_0} \sum_{k=1}^{i+d_1} (a_{RD})^2_k \right)\right)\right).
\end{aligned} \tag{6.3.1}
$$

La PEP avec relayage sans-erreur est donnée par :

$$P_{2,SE}(d) = \int_{(a_{SD})_1} \cdots \int_{(a_{SD})_d} \int_{(a_{RD})_1} \cdots \int_{(a_{RD})_{i+d_1}} p(a_{SD}) p(a_{RD}) P(c_0, c_j \mid a_{SD}, a_{RD})$$

$$d(a_{RD})_1 \ldots d(a_{RD})_{i+d_1} d(a_{SD})_1 \ldots d(a_{SD})_d, \qquad (6.3.2)$$

où

$$P(a_{SD}) = \prod_{k=1}^{d} p((a_{SD})_k) \qquad (6.3.3)$$

et

$$P(a_{RD}) = \prod_{k=1}^{i+d_1} p((a_{RD})_k). \qquad (6.3.4)$$

Comme l'intégration numérique pour évaluer $P_{2,SE}(d)$ est complexe, nous résolvons ce problème en déduisant deux bornes supérieures :

Borne SE 1

En utilisant l'équation (3.5.10), la PEPC peut être bornée supérieurement comme suit :

$$P(c_0, c_j \mid a_{SD}, a_{RD}) \leq \frac{1}{2} exp\left(-R_{c_1}(1-\alpha)\frac{E_{b,SD}}{N_0} \sum_{k=1}^{i+d_1} (a_{SD})_k^2\right) exp\left(-R_{c_1}\frac{E_{b,SD}}{N_0}\right.$$

$$\left.\sum_{k=1}^{d_2} (a_{SD})_k^2\right) exp\left(-R_{c_2}\alpha\frac{E_{b,RD}}{N_0} \sum_{k=1}^{i+d_1} (a_{RD})_k^2\right). \qquad (6.3.5)$$

En substituant cette borne dans l'équation (6.3.2), la borne supérieure de la PEP est donnée par :

$$P_{2,SE}(d) \leq \frac{1}{2}\left(1 + R_{c_1}(1-\alpha)\frac{E_{b,SD}}{N_0}\right)^{-(i+d_1)} \left(1 + R_{c_1}\frac{E_{b,SD}}{N_0}\right)^{-d_2}$$

$$\left(1 + R_{c_2}\alpha\frac{E_{b,RD}}{N_0}\right)^{-(i+d_1)}. \qquad (6.3.6)$$

Borne SE 2

En utilisant l'équation (3.5.12), dans un premier temps, la PEPC peut être bornée supérieurement comme suit :

$$P\left(c_0, c_j \mid a_{SD}, a_{RD}\right) \leq \frac{1}{2}Q\left(sqrt\left(2\left(R_{c_1}\left(1-\alpha\right)\frac{E_{b,SD}}{N_0}\sum_{k=1}^{i+d_1}\left(a_{SD}\right)_k^2 + R_{c_2}\alpha\frac{E_{b,RD}}{N_0}\right.\right.\right.$$
$$\left.\left.\left.\sum_{k=1}^{i+d_1}\left(a_{RD}\right)_k^2\right)\right)\right)exp\left(-R_{c_1}\frac{E_{b,SD}}{N_0}\sum_{k=1}^{d_2}\left(a_{SD}\right)_k^2\right). \qquad (6.3.7)$$

En utilisant encore une fois l'équation (3.5.12), la borne supérieure de la PEPC devient :

$$P\left(c_0, c_j \mid a_{SD}, a_{RD}\right) \leq \frac{1}{4}Q\left(\sqrt{2R_{c_1}\left(1-\alpha\right)\frac{E_{b,SD}}{N_0}\sum_{k=1}^{i+d_1}\left(a_{SD}\right)_k^2}\right)exp\left(-R_{c_2}\alpha\frac{E_{b,RD}}{N_0}\right.$$
$$\left.\sum_{k=1}^{i+d_1}\left(a_{RD}\right)_k^2\right)exp\left(-R_{c_1}\frac{E_{b,SD}}{N_0}\sum_{k=1}^{d_2}\left(a_{SD}\right)_k^2\right). \qquad (6.3.8)$$

Finalement, la PEPC est bornée supérieurement comme suit :

$$P\left(c_0, c_j \mid a_{SD}, a_{RD}\right) \leq \frac{1}{4}Q\left(\sqrt{2R_{c_1}\left(1-\alpha\right)\frac{E_{b,SD}}{N_0}\left(a_{SD}\right)_1^2}\right)exp\left(-R_{c_1}\left(1-\alpha\right)\frac{E_{b,SD}}{N_0}\right.$$
$$\left.\sum_{k=2}^{i+d_1}\left(a_{SD}\right)_k^2\right)exp\left(-R_{c_2}\alpha\frac{E_{b,RD}}{N_0}\sum_{k=1}^{i+d_1}\left(a_{RD}\right)_k^2\right)exp\left(-R_{c_1}\frac{E_{b,SD}}{N_0}\right.$$
$$\left.\sum_{k=1}^{d_2}\left(a_{SD}\right)_k^2\right). \qquad (6.3.9)$$

En substituant cette borne dans l'équation (6.3.2), la borne supérieure de la PEP est donnée par :

$$P_{2,SE}(d) \leq \frac{1}{4}\left(1 - \sqrt{\delta_\alpha}\right)\left(1 + R_{c_1}(1-\alpha)\frac{E_{b,SD}}{N_0}\right)^{1-(i+d_1)}\left(1 + R_{c_2}\alpha\frac{E_{b,RD}}{N_0}\right)^{-(i+d_1)}$$

$$\left(1 + R_{c_1}\frac{E_{b,SD}}{N_0}\right)^{-d_2}, \tag{6.3.10}$$

où

$$\delta_\alpha = \frac{R_{c_1}(1-\alpha)\frac{E_{b,SD}}{N_0}}{1 + R_{c_1}(1-\alpha)\frac{E_{b,SD}}{N_0}}. \tag{6.3.11}$$

6.3.2 Cas de Relais Avec-Erreurs

Dans ce paragraphe, nous analysons le cas réel où la sélection d'antenne/relayage-soft génère des erreurs. Ici, nous supposons que a_{SD}, a_{RD} et a_{SR_j} ($a_{SR_1}^2 \leq a_{SR_2}^2 \leq ... \leq a_{SR_{n_R}}^2$) sont mutuellement indépendants. Pour ce cas, l'expression de la PEP prend en considération deux parties : la non-coopération et la sélection d'antenne/relayage-soft. La PEPC peut être exprimée comme suit :

$$P\left(c_0, c_j \mid a_{SD}, a_{RD}, a_{SR_j}\right) \leq Q\left(\sqrt{2R_{c_1}\frac{E_{b,SD}}{N_0}\sum_{k=1}^{d}(a_{SD})_k^2}\right)Q\left(sqrt\left(\frac{1}{n_R}\sum_{j=1}^{n_R}2R_{c_1}\right.\right.$$

$$\left.\left.\frac{E_{b,SR_j}}{N_0}\sum_{k=1}^{i+d_1}\left(a_{SR_j}\right)_k^2\right)\right) + Q\left(sqrt\left(2\left(R_{c_1}\frac{E_{b,SD}}{N_0}\right.\right.\right.$$

$$\left.\left.\left(1-\alpha\right)\sum_{k=1}^{i+d_1}(a_{SD})_k^2 + \sum_{k=1}^{d_2}(a_{SD})_k^2\right) + R_{c_2}\alpha\left(\frac{E_{b,RD}}{N_0}\right)_{eq}\right.$$

$$\left.\sum_{k=1}^{i+d_1}(a_{RD})_k^2\right)\right)\left(1 - Q\left(sqrt\left(\frac{1}{n_R}\sum_{j=1}^{n_R}2R_{c_1}\frac{E_{b,SR_j}}{N_0}\right.\right.\right.$$

$$\left.\left.\left.\sum_{k=1}^{i+d_1}\left(a_{SR_j}\right)_k^2\right)\right)\right). \tag{6.3.12}$$

Au niveau du nœud destination, la sélection d'antenne/relayage-soft, avec-erreurs, produit une variance de bruit équivalente : $\left(\frac{E_{b,RD}}{N_0}\right)_{eq}$. Cette variance est déduite de l'équation

(6.2.11).

La PEP est donnée par l'expression suivante :

$$
\begin{aligned}
P_{2,Select}(d) &= \int_{(a_{SD})_1} \cdots \int_{(a_{SD})_d} \int_{(a_{RD})_1} \cdots \int_{(a_{RD})_{i+d_1}} \prod_{j=1}^{n_R} \int_{(a_{SR_j})_1} \cdots \int_{(a_{SR_j})_{i+d_1}} p(a_{SD}) \\
&\quad p(a_{RD}) \, p\left(a_{SR_j}\right) P\left(c_0, c_j \mid a_{SD}, a_{R_LD}, a_{SR_j}\right) d(a_{SR_j})_1 ... d(a_{SR_j})_{i+d_1} \\
&\quad d(a_{RD})_1 ... d(a_{RD})_{i+d_1} d(a_{SD})_1 ... d(a_{SD})_d, \quad\quad\quad\quad (6.3.13)
\end{aligned}
$$

où

$$
P\left(a_{SR_j}\right) = \prod_{k=1}^{i+d_1} p\left((a_{SR_j})_k\right). \quad\quad\quad (6.3.14)
$$

Borne Select 1

En utilisant l'équation (3.5.10), la borne supérieure de la PEP est donnée par :

$$
\begin{aligned}
P_{2,Select}(d) &\leq \frac{1}{4}\left(1 + R_{c_1}\frac{E_{b,SD}}{N_0}\right)^{-d} \prod_{j=1}^{n_R}\left(1 + R_{c_1}\frac{E_{b,SR_j}}{n_R N_0}\right)^{-(i+d_1)} + \frac{1}{2} \\
&\quad \left(1 + R_{c_1}(1-\alpha)\frac{E_{b,SD}}{N_0}\right)^{-(i+d_1)}\left(1 + R_{c_2}\alpha\left(\frac{E_{b,RD}}{N_0}\right)_{eq}\right)^{-(i+d_1)} \\
&\quad \left(1 + R_{c_1}\frac{E_{b,SD}}{N_0}\right)^{-d_2}\left(1 - \frac{1}{2}\prod_{j=1}^{n_R}\left(1 + R_{c_1}\frac{E_{b,SR_j}}{n_R N_0}\right)^{-(i+d_1)}\right). \quad (6.3.15)
\end{aligned}
$$

Borne Select 2

En utilisant l'équation (3.5.12), la borne supérieure de la PEP est donnée par :

$$P_{2,Select}(d) \leq \frac{1}{4}\left(1-\sqrt{\delta}\right)\left(1+R_{c_1}\frac{E_{b,SD}}{N_0}\right)^{1-d}\prod_{j=1}^{n_R}\left(1-\sqrt{\delta_j}\right)\left(1+R_{c_1}\frac{E_{b,SR_j}}{n_RN_0}\right)^{1-(i+d_1)}$$

$$+\frac{1}{4}\left(1-\sqrt{\delta_\alpha}\right)\left(1+(1-\alpha)\frac{E_{s,SD}}{N_0}\right)^{1-(i+d_1)}\left(1+\alpha\left(\frac{E_{s,RD}}{N_0}\right)_{eq}\right)^{-(i+d_1)}$$

$$\left(1+\frac{E_{s,SD}}{N_0}\right)^{-d_2}\left(1-\frac{1}{2}\prod_{j=1}^{n_R}\left(1-\sqrt{\delta_j}\right)\left(1+\frac{E_{s,SR_j}}{n_RN_0}\right)^{1-(i+d_1)}\right), \quad (6.3.16)$$

où

$$\delta = \frac{R_{c_1}E_b/N_0}{1+R_{c_1}E_b/N_0} \qquad (6.3.17)$$

et

$$\delta_j = \frac{R_{c_1}\frac{E_{b,SR_j}}{n_RN_0}}{1+R_{c_1}\frac{E_{b,SR_j}}{n_RN_0}}. \qquad (6.3.18)$$

6.3.3 Sélection de Relais

Dans notre analyse, nous nous sommes intéressés à la sélection d'antenne pour un seul nœud relais. La sélection de relais s'effectue d'une façon analogue à la sélection d'antenne. En fait, dans un réseau à relais, nous pouvons utiliser le(s) meilleur(s) nœud(s) relais parmi ceux qui sont présents pour relayer l'information à la destination. Cette alternative est concevable dans le cas où il est impossible de monter plusieurs antennes sur un même nœud relais, spécialement pour les petits appareils portatifs sans fil.

Comme avantage majeur, le problème de la corrélation spatiale, résultante des antennes colocalisées, n'est plus présent avec la sélection de relais. Par ailleurs, tout nœud relais doit envoyer à la source un retour (*feedback*) de degré de fiabilité de détection pour décider le(s)quel(s) sélectionner. En termes d'analyse de performance, en supposant que l'information de *feedback* soit parfaitement retournée au niveau de la source, les résultats analytiques obtenus ci-dessus s'appliquent à la sélection de relais d'une manière analogue. Plus précisément, s'il y avait L relais disponibles et que le meilleur a été sélectionné, les mêmes bornes supérieures de la PEB dérivée ci-dessus s'appliquent à la sélection de relais où n_R sera remplacé par L. Un autre scénario peut se présenter : nous pouvons considérer L relais avec n_R antennes montées où $n_R \geq L$ et seul(s) le(s) meilleure(s) antenne(s) sont sélectionnées. Egalement, avec un peu plus de déploiement, nous pouvons étendre ces résultats pour la sélection de relais multiples en conjonction avec la sélection d'antenne.

6.4 Résultats et Simulations

Les résultats représentés dans ce paragraphe sont pour une modulation BPSK. Les différents sous-canaux $S \to D$, $S \to R_j$ $(j = 1, 2, ..., n_R)$ et $R \to D$ sont supposés à évanouissement de Rayleigh, indépendants et pleinement entrelacés avec CSI idéal.

Les performances de PCCC, utilisant deux encodeurs RSC *hard* pour un turbo-encodage ordinaire et un supplémentaire *soft* au niveau du relais pour un TCCD, sont examinées. Tous les encodeurs sont supposés de même générateur polynômial, de même rendement $R_{enc} = \frac{1}{2}$ et de longueur de bloc $K = 1000$ *bits*. Nous étudions le comportement de convergence des deux générateurs polynômiaux $(1, 7/5)$ et $(1, 5/7)$. Au niveau de la destination, le décodage itératif PCCC, utilisant l'algorithme MAP [71], fonctionne selon le principe de turbo-décodage [66]. Nous supposons aussi que les sous-canaux $S \to D$ et $R \to D$ possèdent le même RSB ($\bar{\gamma}_{SD} = \bar{\gamma}_{RD} = E_b/N_0$). Cependant, le RSB pour le sous-canal $S \to R$: $\bar{\gamma}_{SR}$ peut être différent.

Les performances de la sélection d'antenne/relayage-soft avec-erreurs sont analysées par rapport au schéma conventionnel des turbo-codes PCCC (non-coopération, limite supérieure ouverte) ainsi qu'au schéma proposé de TCCD avec relayage sans-erreur (limite inférieure fermée). De ce fait, pour un certain seuil de n_R et $\bar{\gamma}_{SR}$, nous souhaitons avoir une convergence de TCCD avec-erreurs vers celui sans-erreur.

Pour les PCCC $(1, 7/5, 7/5)$ et $(1, 5/7, 5/7)$, les figures 6.4.1 et 6.4.2 représentent respectivement les performances du système proposé de TCCD. Les performances du turbo codage conventionnel, la coopération distribuée avec détection sans-erreur au niveau du nœud relais et la sélection d'antenne/relayage-soft effective (avec-erreurs au niveau du nœud relais) pour $\bar{\gamma}_{SR} = 4$ dB et $n_R = 3$ sont illustrées pour les deux bornes supérieures (1 et 2). La tendance vers la pleine diversité (c.-à-d. détection sans-erreur) de la

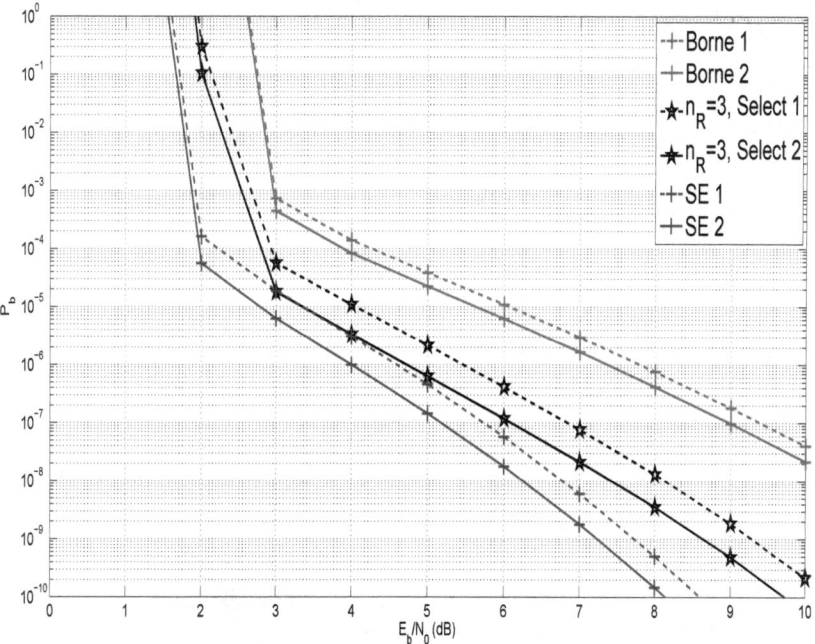

Figure 6.4.1: *Performances de la sélection d'antenne/relayage-soft, PCCC $(1, 7/5, 7/5)$,*
$\alpha = 0.5$, $\bar{\gamma}_{SR} = 4\,dB$.

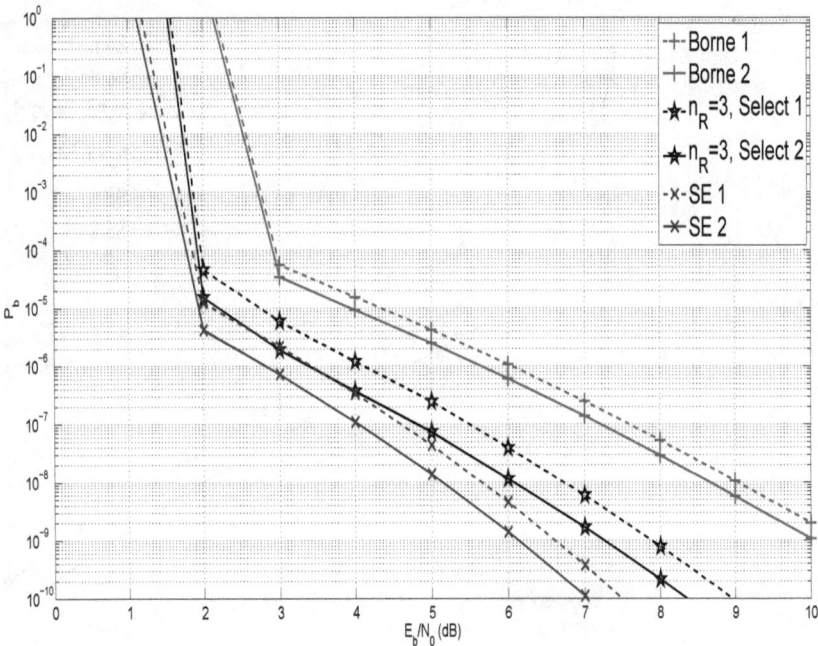

Figure 6.4.2:   *Performances de la sélection d'antenne/relayage-soft, PCCC $(1, 5/7, 5/7)$, $\alpha = 0.5$, $\bar{\gamma}_{SR} = 4\ dB$.*

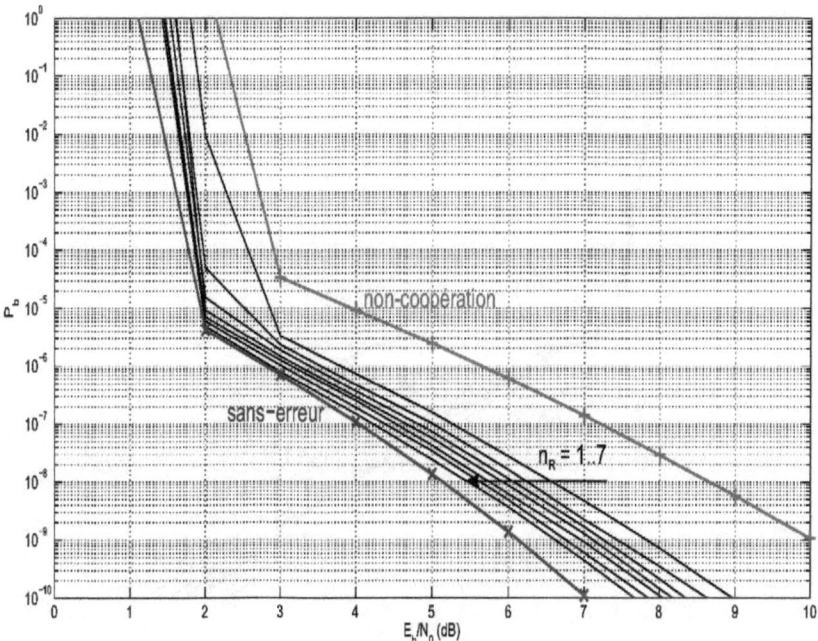

Figure 6.4.3: *Performances de la sélection d'antenne/relayage-soft, $n_R = 1..7$, PCCC $(1, 5/7, 5/7), \alpha = 0.5$, $\bar{\gamma}_{SR} = 4$ dB.*

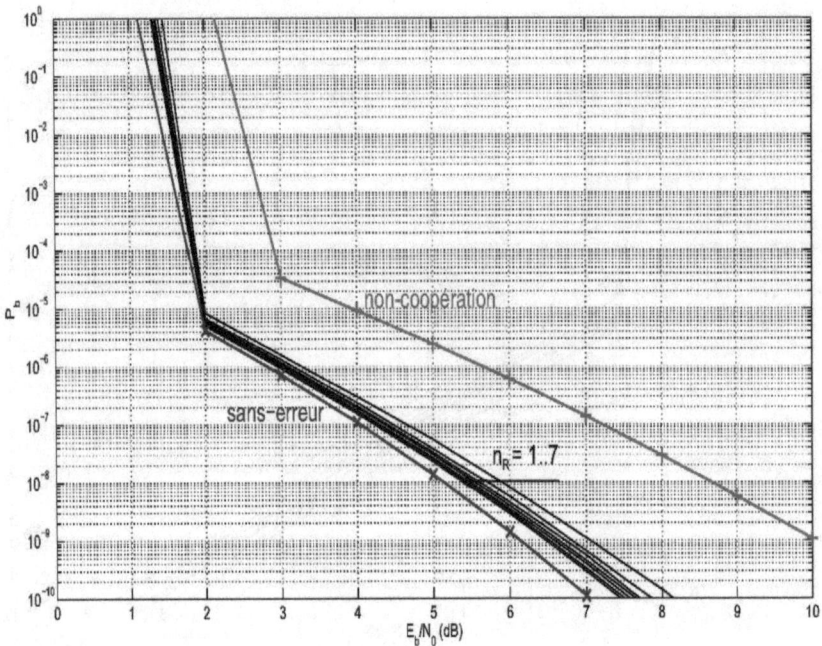

Figure 6.4.4: *Performances de la sélection d'antenne/relayage-soft, $n_R = 1..7$, PCCC $(1, 5/7, 5/7), \alpha = 0.5, \bar{\gamma}_{SR} = 8\ dB$.*

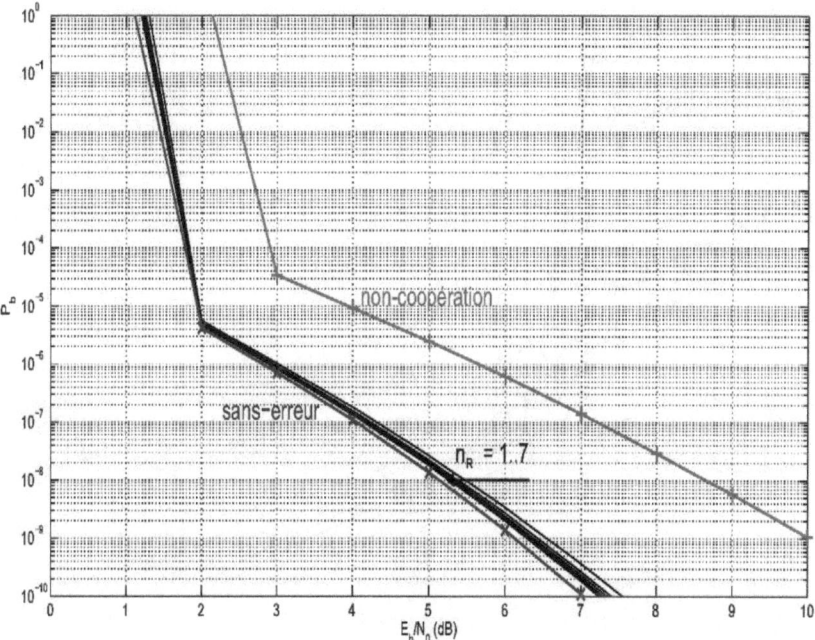

Figure 6.4.5: *Performances de la sélection d'antenne/relayage-soft, $n_R = 1..7$, PCCC* $(1, 5/7, 5/7), \alpha = 0.5, \bar{\gamma}_{SR} = 12\ dB$.

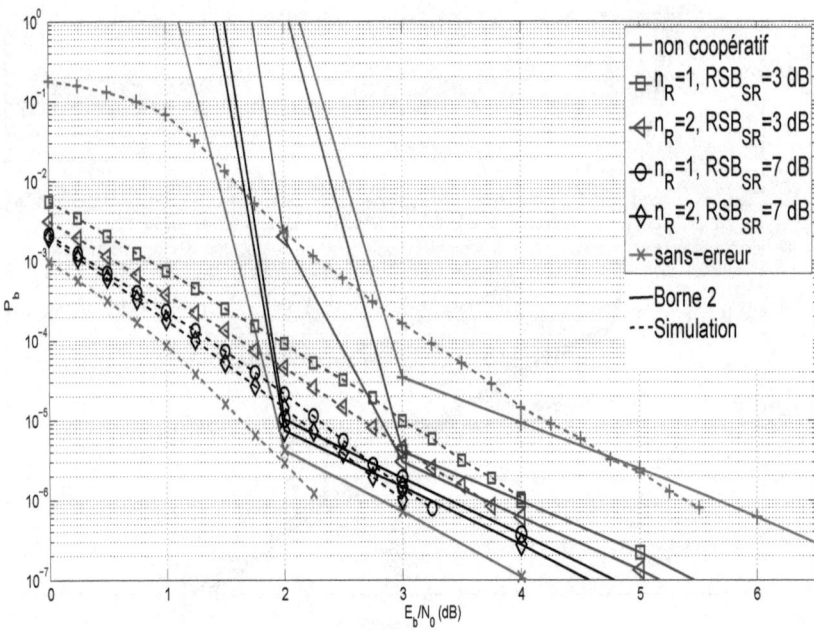

Figure 6.4.6: *Performances de la sélection d'antenne/relayage-soft, $n_R = 1..2$, PCCC $(1, 5/7, 5/7), \alpha = 0.5$.*

courbe de la sélection d'antenne/relayage-soft de PCCC $(1, 5/7, 5/7)$ est meilleure que celle de $(1, 7/5, 7/5)$. En conséquence, l'augmentation du nombre d'antennes n_R rend la convergence de PCCC $(1, 5/7, 5/7)$ plus rapide que celle de $(1, 7/5, 7/5)$. D'autre part, les bornes supérieures à la base de l'équation (3.5.12) (option 3) sont plus étroites que celles de l'équation (3.5.10) (option 2). Aussi, pour tous les cas, le PCCC $(1, 5/7, 5/7)$ est plus performant que $(1, 7/5, 7/5)$. Dans la suite, nous nous intéresserons aux performances de PCCC $(1, 5/7, 5/7)$ en ce qui concerne les bornes supérieures désignées par le chiffre 2 (option 3).

Pour montrer l'amélioration de la fiabilité de détection via la sélection d'antenne/ relayage-soft, nous avons varié le nombre d'antennes ($n_R = 1, 2, ..., 7$) pour $\bar{\gamma}_{SR} = 4\ dB$, $\bar{\gamma}_{SR} = 8\ dB$ et $\bar{\gamma}_{SR} = 12\ dB$ respectivement dans les figures 6.4.3, 6.4.4 et 6.4.5. Pour $P_b = 10^{-8}$ et $\bar{\gamma}_{SR} = 4\ dB$, un total de gain égal à $1, 15\ dB$ est atteint en augmentant le nombre d'antennes n_R de 1 à 7. En conséquence, pour de faibles valeurs de $\bar{\gamma}_{SR}$, l'augmentation du nombre d'antennes au niveau du nœud relais donne un gain significatif de diversité. En plus, en utilisant cette technique de sélection, nous montrons que le TCCD peut atteindre une pleine diversité à partir de $\bar{\gamma}_{SR} = 12\ dB$.

Pour de faibles valeurs de E_b/N_0, en réalité la performance des turbo-codes ne diverge pas comme indiqué par les bornes supérieures. Il s'agit d'une région de fausse convergence [75]. Par conséquent, nous avons utilisé la simulation de Monte Carlo avec un entrelaceur modulo de facteur 37 (sous-paragraphe 3.4.2). La figure 6.4.6 représente les bornes supérieures de la PEB et les simulations de Monte Carlo pour $\bar{\gamma}_{SR} = 3\ dB$ et $\bar{\gamma}_{SR} = 7\ dB$. Ici, nous montrons les deux cas $n_R = 1$ et $n_R = 2$.

6.5 Conclusion

Nous avons proposé dans ce chapitre la sélection d'antenne/relayage-soft pour les réseaux sans fil coopératifs dans un effort d'améliorer la fiabilité de détection au niveau des nœuds relais. Nous avons montré que la sélection d'antenne préserve l'ordre de diversité du système en produisant un gain de codage important par rapport au système sans sélection. Cette même architecture de sélection est concevable pour le cas de relais multiples. En conséquence, nous obtiendrons les mêmes résultats de performance.

Conclusion et perspectives

Bilan des travaux effectués

Dans ce mémoire, nous avons étudié et évalué les performances de la recombinaison soft de signaux décodés et transférés pour le canal à relais dans les réseaux coopératifs. Nous avons proposé des schémas de turbo-codage coopératifs distribués afin d'augmenter la fiabilité de la communication. Notre but était de concevoir un système de communication sans fils d'autant plus sous-optimal en termes de PEB.

Dans les chapitres 1 et 2, nous avons énoncé l'efficacité de codage de canal concaténé ainsi que spatio-temporel pour les systèmes MIMO centralisés. Compte tenu de l'analogie entre les systèmes MIMO centralisés et ceux distribués (c.-à-d. systèmes à relais multiples), trois différents protocoles, basés sur le multiplexage temporel TDMA, ont été présentés compte tenu de leur efficacité respectives.

Comme parfois les contraintes de taille, puissance, ou autres empêchent l'installation des systèmes MIMO, les systèmes sans fil se trouvent en exclus des avantages du codage spatio-temporel. Dans une telle situation, recourir à une communication coopérative via des nœuds relais multiples est la bonne solution. Ces nœuds, en coopérant, forment un réseau d'antennes virtuelles. Généralement, chaque nœud est équipé d'une seule antenne. La destination reçoit plusieurs versions du même message de la source et d'un ou plusieurs relais, et combine ces derniers pour créer de la diversité. Au niveau de tout relais, principalement, deux protocoles de diversité coopérative sont définis par AF et DF (sans-erreur et avec-erreurs au niveau des nœuds relais). Intuitivement, lorsque le RSB à la réception d'un nœud relais est faible (par exemple, si le relais est loin du nœud source), le décodage à ce niveau est non bénéfique. Cependant, si les nœuds (source-relais) sont proches (c.à.d. un RSB élevé à la réception), le décodage pourrait être très utile. Le protocole DF ne fournit à la destination aucune information sur la fiabilité. La mesure de l'incertitude est inconnue de telle sorte que le relais ne peut qu'induire en erreur la décision finale à la destination. Pour cette raison, on ajoute à ce protocole une technique ARQ tel que le CRC. En contrepartie, pour un mauvais RSB, cette dernière a comme conséquence la diminution du débit atteignable. Par contre, le relais avec AF fournit de l'information soft à la destination. Toutefois, il a deux inconvénients majeurs : tout d'abord, le bruit de la première transmission sera amplifié puis retransmis automatiquement dans la deuxième ; deuxièmement, il est inefficace en puissance. Pour ces raisons, nous avons opté pour l'utilisation du protocole soft-DF qui combine les avantages des deux (DF et AF).

Dans le chapitre 3, nous avons présenté les concepts de turbo-codage et la stratégie de concaténation en parallèle des codes convolutifs PCCC. En raison de ses performances exceptionnelles pour de faibles RSB, cette stratégie est le point clé des travaux présentés dans ce mémoire. Elle est définie par : un turbo-codage concaténant deux encodeurs RSC de mêmes caractéristiques, un turbo-décodage itératif concaténant deux décodeurs SiSo et l'emploi de l'entrelacement entre ces blocs. La dérivation des expressions de la borne supérieure de la valeur moyenne de la PEB et la simulation de Monte Carlo ont été utilisées pour étudier les performances des turbo-codes. Comme approche pour la dérivation, nous avons développé l'expression de la moyenne de la borne supérieure de l'union. Enfin, nous avons illustré le comportement de convergence du cas de la non-coopération (turbo ordinaire) dans un environnement à évanouissement de Rayleigh.

Dans le chapitre 4, nous avons évalué la performance du protocole de relayage soft-DF. Ce protocole combine les avantages des deux protocoles DF et AF. Par rapport au protocole DF, il fournit à la destination de l'information soft sous forme d'incertitude. En outre, nous n'avons plus besoin d'ajouter une technique ARQ ce qui garantit plus de débit. Quant au protocole AF, il dépense moins de puissance en garantissant un gain supplémentaire de codage. Nous avons démontré analytiquement une manière de distribuer la puissance de transmission et le poids de turbo-code simultanément entre le nœud source et les nœuds relais afin de minimiser la PEB moyenne. Dans un environnement à évanouissement de Rayleigh, nous avons pu estimer la variance de bruit causée par le relayage soft-DF. Nous avons montré que l'augmentation du nombre de relais améliore la conservation de l'information soft. Aussi, nous avons marqué un gain de diversité additionnel dû à l'entrelacement supplémentaire. Enfin, la conception d'un tel système doit considérer en priorité le cas le plus effectif (c.-à-d. relais avec-erreurs).

Dans le chapitre 5, nous avons présenté un nouveau schéma de turbo-codage coopératif distribué pour un canal à relais multiples. Ici, la source et les relais partagent leurs antennes pour créer un tableau virtuel de transmission à la destination. En se basant sur une architecture PCCC et en employant un relayage soft, le schéma proposé a montré son efficacité en termes de diversité et gain de codage. Cette efficacité est le résultat de la conservation de l'information soft et de l'obtention d'un gain additionnel de diversité. Nous avons pu illustrer ces avantages grâce à une analyse théorique (développement de la moyenne de la borne supérieure de l'union) et à la simulation de Monte Carlo. Selon une distribution appropriée de la puissance de transmission, nous avons dérivé des expressions de la borne supérieure de la PEB pour les deux cas : relayage sans-erreur et relayage avec-erreurs. Nous avons observé que pour le canal à L relais, ce schéma aboutit à une pleine diversité relativement au cas du codage non coopératif.

Dans le chapitre 6, nous avons proposé la technique de la sélection d'antenne au niveau des relais pour améliorer leur fiabilité de détection. De ce fait, nous avons examiné la sélection d'antenne/relayage-soft en conjonction avec le système de turbo-codage coopératif distribué introduit au chapitre 5. Nous avons dérivé des bornes supérieures de la PEB. Nos résultats analytiques ont montré que la sélection d'antenne préserve l'ordre de diversité du système en produisant un gain de codage important par rapport au système sans sélection.

Améliorations et suggestions de travaux futurs

Comme extensions futures de ces travaux de recherche, nous présentons les points suivants :

- Dans la pratique, l'adaptation du rendement et l'allocation de puissance au niveau des nœuds coopératifs pour des canaux à évanouissement sont deux points qui devraient être pris en compte dans les travaux futurs ;
- Dans ce travail, la synchronisation est supposée parfaite. Cependant, dans la réalité, la synchronisation est imparfaite. Ce problème devrait être abordé ;
- Tout au long de cette thèse, nous avons examiné le cas à évanouissement de Rayleigh. Cette hypothèse a été envisagée pour souligner la diversité spatiale invoquée par le codage coopératif distribué. L'hypothèse d'introduire le cas des canaux sélectifs en fréquence est un sujet d'étude intéressant pour mieux caractériser l'interaction

entre ces deux formes de diversité (spatiale, multi-trajets) ;
- Nous avons considéré des sous-canaux non-corrélés dans le schéma de codage coopératif distribué. Les travaux futurs pourraient étudier l'effet de la corrélation sur les performances du système ;
- Les différents sous-canaux sont supposés à évanouissement de Rayleigh, indépendants et pleinement entrelacés. Nous pouvons étendre l'analyse de performance du schéma de turbo-codage coopératif distribué pour le modèle de canal à évanouissement en bloc. Ainsi, une comparaison sera possible avec des schémas de codage coopératif avec relayage en mode DF tels que dans [41, 44, 48]. Aussi, les travaux futurs pourraient examiner le canal à évanouissement de Rice et de Nakagami-m ;
- Nous avons développé des expressions de la borne supérieure de la PEB. Le calcul exact devrait êtres abordé dans les travaux futurs.

Annexes

Annexe A

Algorithme BCJR

Dans cette annexe, nous révélons l'aspect théorique de l'algorithme BCJR. Ensuite, nous expliquons l'aspect d'implémentation. Enfin, nous décrivons sous forme d'une synthèse structurée le fonctionnement des deux phases récursives de l'algorithme.

A.1 Principe de l'algorithme BCJR

L'algorithme BCJR [71] calcule la probabilité des valeurs possibles du message émis à l'instant t lorsque les données (éventuellement erronées) ont été reçues. Les simplifications apparaissant dans les développements sont dues aux propriétés des sources markoviennes. Dans la suite, la description est basée sur les travaux [66, 71, 79, 81, 82]

Le rôle du turbo décodeur est de calculer les probabilités *a-posteriori* du symbole u_i ('1' ou '0') en se basant sur les séquences d'information reçues et l'information a-priori valable. En se référant au paragraphe 3.4.4, il s'agit de calculer $P(u_i = 1 \mid \Re)$ et $P(u_i = 0 \mid \Re)$. Ces probabilités peuvent être calculées en sommant les probabilités des transitions dans un diagramme de treillis dont chaque transition est caractérisée par deux bits (un bit systématique et un autre de parité) générés par l'encodeur.

En notant l'état de l'encodeur après la $i^{\text{ème}}$ entrée par $S_i = \{0, 1, ..., 2^m - 1\}$ avec m la longueur de mémoire de l'encodeur,

$$P(u_i = k \mid \Re) = \sum_{s'=0}^{2^m-1} \sum_{s=0}^{2^m-1} P(u_i = k, S_{i-1} = s', S_i = s \mid \Re), \ k = 0, 1. \qquad (A.1.1)$$

En posant

$$\sigma_i^k\left(s',s\right) = P\left(u_i = k, S_{i-1} = s', S_i = s, \Re\right),\qquad\text{(A.1.2)}$$

l'équation (A.1.12) devient

$$P\left(u_i = k \mid \Re\right) = \sum_{s'=0}^{2^m-1}\sum_{s=0}^{2^m-1}\sigma_i^k\left(s',s\right)/P\left(\Re\right).\qquad\text{(A.1.3)}$$

La pdf $\sigma_i^k(s',s)$ peut être calculée d'une manière récursive en la factorisant en trois parties : $\tilde{\alpha}_{i-1}(s')$, $\tilde{\gamma}_i^k(\Re_i, s', s)$ et $\tilde{\beta}(s)$.

D'abord,

$$
\begin{aligned}
\sigma_i^k\left(s',s\right) &= P\left(u_i = k, S_{i-1} = s', S_i = s, \Re_{1,i}\right) P\left(\Re_{i+1,k} \mid u_i = k, S_{i-1} = s', S_i = s, \Re_{1,i}\right)\\
&= P\left(S_{i-1} = s', \Re_{1,i-1}\right) P\left(u_i = k, S_i = s, \Re_i \mid S_{i-1} = s', \Re_{1,i-1}\right)\\
&\quad P\left(\Re_{i+1,k} \mid u_i = k, S_{i-1} = s', S_i = s, \Re_{1,i}\right).
\end{aligned}\qquad\text{(A.1.4)}
$$

Dans ce cas, si l'état S_{i-1} est connu alors le bit d'information u_i, l'état S_i et le vecteur caractérisant les entrées du décodeur $\Re_i$ sont tous indépendants de $\Re_{1,i-1}$. De ce fait,

$$P\left(u_i = k, S_i = s, \Re_i \mid S_{i-1} = s', \Re_{1,i-1}\right) = P\left(u_i = k, S_i = s, \Re_i \mid S_{i-1} = s'\right).\qquad\text{(A.1.5)}$$

De même,

$$P\left(\Re_{i+1,k} \mid u_i = k, S_{i-1} = s', S_i = s, \Re_{1,i}\right) = P\left(\Re_{i+1,k} \mid S_i = s\right).\qquad\text{(A.1.6)}$$

L'équation (A.1.4) devient

$$\sigma_i^k\left(s',s\right) = P\left(S_{i-1} = s', \Re_{1,i-1}\right) P\left(u_i = k, S_i = s, \Re_i \mid S_{i-1} = s'\right) P\left(\Re_{i+1,k} \mid S_i = s\right).\qquad\text{(A.1.7)}$$

Soit

$$\sigma_i^k\left(s',s\right) = \tilde{\alpha}_{i-1}(s')\tilde{\gamma}_i^k(R_i, s', s)\tilde{\beta}_i(s),\qquad\text{(A.1.8)}$$

107

avec $\tilde{\alpha}_{i-1}(s') = P(S_{i-1} = s', \Re_{1,i-1}), \tilde{\gamma}_i^k(\Re_i, s', s) = P(u_i = k, S_i = s, \Re_i \mid S_{i-1} = s')$ et
$\tilde{\beta}_i(s) = P(\Re_{i+1,k} \mid S_i = s)$.

L'aspect récursif du calcul de $\tilde{\alpha}_{i-1}$ et $\tilde{\beta}_i$ est donné par :

$$
\begin{aligned}
\tilde{\alpha}_i(s) &= P(S_i = s, \Re_{1,i}) \\
&= \sum_{s'=0}^{2^m-1} \sum_{k=0}^{1} P(u_i = k, S_{i-1} = s', S_i = s, \Re_{1,i}) \\
&= \sum_{s'=0}^{2^m-1} \sum_{k=0}^{1} P(S_{i-1} = s', \Re_{1,i-1}) P(u_i = k, S_i = s, \Re_i \mid S_{i-1} = s', \Re_{1,i-1}) \\
&= \sum_{s'=0}^{2^m-1} \sum_{k=0}^{1} P(S_{i-1} = s', \Re_{1,i-1}) P(u_i = k, S_i = s, \Re_i S_{i-1} = s') \\
&= \sum_{s'=0}^{2^m-1} \sum_{k=0}^{1} \tilde{\alpha}_{i-1}(s') \tilde{\gamma}_i^k(\Re_i, s', s). \quad\quad\quad (A.1.9)
\end{aligned}
$$

et

$$
\begin{aligned}
\tilde{\beta}_i(s') &= P(\Re_{i+1,k}/S_i = s') \\
&= \sum_{s=0}^{2^m-1} \sum_{k=0}^{1} P(u_{i+1} = k, S_{i+1} = s, \Re_{i+1,k} \mid S_i = s') \\
&= \sum_{s=0}^{2^m-1} \sum_{k=0}^{1} P(\Re_{i+2,k} \mid u_{i+1} = k, S_{i+1} = s, \Re_{i+1}, S_i = s') \\
&\quad\quad P(u_{i+1} = k, S_{i+1} = s, \Re_{i+1}, S_i = s') / P(S_i = s') \\
&= \sum_{s=0}^{2^m-1} \sum_{k=0}^{1} P(\Re_{i+2,k} \mid S_{i+1} = s) P(u_{i+1} = k, S_{i+1} = s, \Re_{i+1} \mid S_i = s') \\
&= \sum_{s=0}^{2^m-1} \sum_{k=0}^{1} \tilde{\beta}_{i+1}(s) \tilde{\gamma}_{i+1}^k(\Re_{i+1}, s', s). \quad\quad\quad (A.1.10)
\end{aligned}
$$

La fonction $\tilde{\gamma}_i^k(\Re_i, s', s)$ peut être représentée par l'équation :

$$
\tilde{\gamma}_i^k(\Re_i, s', s) = P(u_i = k, S_i = s, \Re_i/S_{i-1} = s')
$$

$$\tilde{\gamma}_i^k(\Re_i, s', s) = P(\Re_i \mid u_i = k, S_i = s, S_{i-1} = s')$$
$$P(S_i = s \mid u_i = k, S_{i-1} = s') P(u_i = k). \qquad \text{(A.1.11)}$$

or les entrées du décodeur sont caractérisées par $\Re_i(x_i, y_i, \Lambda_a(u_i))$, ce qui donne :

$$\tilde{\gamma}_i^k(\Re_i, s', s) = P(x_i, y_i, \Lambda_a(u_i) \mid u_i = k, a_{x,i}, a_{y,i}, S_i = s, S_{i-1} = s')$$
$$P(S_i = s \mid u_i = i, S_{i-1} = s') P(u_i = k)$$
$$= P(x_i \mid u_i = k, a_{x,i}, S_i = s, S_{i-1} = s')$$
$$P(y_i \mid u_i = k, a_{y,i}, S_i = s, S_{i-1} = s')$$
$$P(\Lambda_a(u_i) \mid u_i = k, S_i = s, S_{i-1} = s')$$
$$P(S_i = s \mid u_i = k, S_{i-1} = s') P(u_i = k)$$
$$= P(x_i \mid u_i = k, a_{x,i}) P(y_i \mid u_i = k, a_{y,i}, S_{i-1} = s') P(\Lambda_a(u_i) \mid u_i = k)$$
$$P(S_i = s \mid u_i = k, S_{i-1} = s') P(u_i = k)$$
$$= P(x_i \mid u_i = k, a_{x,i}) P(y_i \mid u_i = k, a_{y,i}, S_{i-1} = s') P(u_i = k \mid \Lambda_a(u_i))$$
$$P(\Lambda_a(u_i)) P(S_i = s \mid u_i = k, S_{i-1} = s'). \qquad \text{(A.1.12)}$$

D'après les descriptions discrètes de x_i et y_i (équations (3.4.2) et (3.4.3)),

$$P(x_i \mid u_i = k, a_{x,i}) = \frac{1}{2\pi\sigma^2} \exp\left(-\frac{(x_i - a_{x,i}(2k-1))^2}{2\sigma^2}\right) \qquad \text{(A.1.13)}$$

et

$$P(y_i \mid u_i = k, a_{y,i}, S_{i-1} = s') = \frac{1}{2\pi\sigma^2} \exp\left(-\frac{(y_i - a_{y,i}(2c_i-1))^2}{2\sigma^2}\right). \qquad \text{(A.1.14)}$$

$P(u_i = k \mid \Lambda_a(u_i))$ est la probabilité *a-priori* de l'information $u_i = k$ et comme $\Lambda_a(u_i) = \ln \frac{P(u_i=1 \mid \Lambda_a(u_i))}{P(u_i=0 \mid \Lambda_a(u_i))}$, les probabilités *a-priori* sont données par ces équations :

$$P(u_i = 1 \mid \Lambda_a(u_i)) = \ln \frac{\exp(\Lambda_a(u_i))}{1 + \exp(\Lambda_a(u_i))} \qquad \text{(A.1.15)}$$

et

$$P\left(u_i = 0 \mid \Lambda_a\left(u_i\right)\right) = \ln\frac{1}{1 + \exp\left(\Lambda_a\left(u_i\right)\right)}. \tag{A.1.16}$$

La pdf $P\left(\Lambda_a\left(u_i\right)\right)$ est inconnue, elle est un facteur constant commun au numérateur et au dénominateur de l'expression $\Lambda_a\left(\hat{u}_i\right)$, pour cela elle sera simplifiée. Finalement la probabilité $P\left(S_i = s \mid u_i = k, S_{i-1} = s'\right)$ dans l'équation (A.1.12) est égale à 0 ou 1. En effet, elle dépend de l'existence d'une transition dans le treillis entre les états s' et s associée à une entrée égale à k.

Le LLR *a-posteriori* noté $\Lambda\left(\hat{u}_i\right)$ peut être exprimé maintenant par l'équation :

$$
\begin{aligned}
\Lambda\left(\hat{u}_i\right) &= \ln\frac{P\left(u_i = 1 \mid \Re\right)}{P\left(u_i = 0 \mid \Re\right)} \\[2mm]
&= \ln\frac{\sum_{s'=0}^{2^m-1}\sum_{s=0}^{2^m-1}\tilde{\alpha}_{i-1}(s')\tilde{\gamma}_i^1(\Re_i,s',s)\tilde{\beta}_i(s)}{\sum_{s'=0}^{2^m-1}\sum_{s=0}^{2^m-1}\tilde{\alpha}_{i-1}(s')\tilde{\gamma}_i^0(\Re_i,s',s)\tilde{\beta}_i(s)} \\[2mm]
&= \ln\frac{\sum_{s'=0}^{2^m-1}\sum_{s=0}^{2^m-1}\tilde{\alpha}_{i-1}(s')P\left(x_i \mid u_i = 1, a_{x,i}\right)P\left(y_i \mid u_i = 1, a_{y,i}, S_{i-1} = s'\right)}{\sum_{s'=0}^{2^m-1}\sum_{s=0}^{2^m-1}\tilde{\alpha}_{i-1}(s')P\left(x_i \mid u_i = 0, a_{x,i}\right)P\left(y_i \mid u_i = 0, a_{y,i}, S_{i-1} = s'\right)} \\[2mm]
&\quad \frac{P\left(u_i = 1 \mid \Lambda_a\left(u_i\right)\right)P\left(\Lambda_a\left(u_i\right)\right)P\left(S_i = s \mid u_i = 1, S_{i-1} = s'\right)\tilde{\beta}_i(s)}{P\left(u_i = 0 \mid \Lambda_a\left(u_i\right)\right)P\left(\Lambda_a\left(u_i\right)\right)P\left(S_i = s \mid u_i = 0, S_{i-1} = s'\right)\tilde{\beta}_i(s)} \\[2mm]
&= \ln\frac{P\left(x_i \mid u_i = 1, a_{x,i}\right)P\left(u_i = 1 \mid \Lambda_a\left(u_i\right)\right)\sum_{s'=0}^{2^m-1}\sum_{s=0}^{2^m-1}\tilde{\alpha}_{i-1}(s')}{P\left(x_i \mid u_i = 0, a_{x,i}\right)P\left(u_i = 0 \mid \Lambda_a\left(u_i\right)\right)\sum_{s'=0}^{2^m-1}\sum_{s=0}^{2^m-1}\tilde{\alpha}_{i-1}(s')} \\[2mm]
&\quad \frac{P\left(y_i \mid u_i = 1, a_{y,i}, S_{i-1} = s'\right)P\left(\Lambda_a\left(u_i\right)\right)P\left(S_i = s \mid u_i = 1, S_{i-1} = s'\right)\tilde{\beta}_i(s)}{P\left(y_i \mid u_i = 0, a_{y,i}, S_{i-1} = s'\right)P\left(\Lambda_a\left(u_i\right)\right)P\left(S_i = s \mid u_i = 0, S_{i-1} = s'\right)\tilde{\beta}_i(s)} \\[2mm]
&= \ln\frac{P\left(x_i \mid u_i = 1, a_{x,i}\right)}{P\left(x_i \mid u_i = 0, a_{x,i}\right)} + \ln\frac{P\left(u_i = 1 \mid \Lambda_a\left(u_i\right)\right)}{P\left(u_i = 0 \mid \Lambda_a\left(u_i\right)\right)} \\[2mm]
&\quad + \ln\frac{P\left(u_i = 1 \mid x_{1,i-1}, x_{i+1,K}, y_{1,K}, \Lambda_{a1,i-1}, \Lambda_{ai+1,K}\right)}{P\left(u_i = 0 \mid x_{1,i-1}, x_{i+1,K}, y_{1,K}, \Lambda_{a1,i-1}, \Lambda_{ai+1,K}\right)} \\[2mm]
&= \frac{2}{\sigma^2}Re\left\{a_{x,i}^* x_i\right\} + \Lambda_a\left(u_i\right) + Le\left(\hat{u}_i\right)
\end{aligned}
$$

$$\Lambda\left(\hat{u}_i\right) = \frac{2}{\sigma^2}\left(a_{x,i}^2\left(2u_i - 1\right) + a_{x,i}\eta_{x,i}\right) + \Lambda_a\left(u_i\right) + \Lambda_{ex}\left(\hat{u}_i\right). \tag{A.1.17}$$

Comme $\Lambda_{ex}\left(\hat{u}_i\right)$ représente la sortie extrinsèque du décodeur. Le partitionnement du LLR *a-posteriori* s'adapte avec l'aspect itératif de l'environnement du décodeur. En effet, seulement la sortie extrinsèque sera une information *a-priori* dans l'étape suivante du décodage.

En utilisant l'expression (A.1.17), le $\Lambda_{ex}\left(\hat{u}_i\right)$ est donné par l'équation suivante :

$$
\begin{aligned}
\Lambda_{ex}\left(\hat{u}_i\right) &= \Lambda\left(\hat{u}_i\right) - \frac{2}{\sigma^2}\left(a_{x,i}^2\left(2u_i - 1\right) + a_{x,i}\eta_{x,i}\right) - \Lambda_a\left(u_i\right) \\
&= \ln\frac{\sum\limits_{s'=0}^{2^m-1}\sum\limits_{s=0}^{2^m-1}\tilde{\alpha}_{i-1}(s')\tilde{\gamma}_i^1(\Re_i, s', s)\tilde{\beta}_i(s)}{\sum\limits_{s'=0}^{2^m-1}\sum\limits_{s=0}^{2^m-1}\tilde{\alpha}_{i-1}(s')\tilde{\gamma}_i^0(\Re_i, s', s)\tilde{\beta}_i(s)} \\
&\quad - \frac{2}{\sigma^2}\left(a_{x,i}^2\left(2u_i - 1\right) + a_{x,i}\eta_{x,i}\right) - \Lambda_a\left(u_i\right). \tag{A.1.18}
\end{aligned}
$$

A.2 Aspects d'implémentation

Pour déterminer le LLR à partir de l'équation (A.1.18), une simplification est nécessaire.

$\tilde{\gamma}_i^k(\Re_i, s', s)$ est donnée par :

$$
\begin{aligned}
\tilde{\gamma}_i^k(\Re_i, s', s) &= \frac{1}{2\pi\sigma^2}\exp\left(-\frac{\left(x_i - a_{x,i}\left(2k - 1\right)\right)^2}{2\sigma^2}\right)\frac{1}{2\pi\sigma^2}\exp\left(-\frac{\left(y_i - a_{y,i}\left(2c_i - 1\right)\right)^2}{2\sigma^2}\right) \\
&\quad \frac{\exp\left(k\Lambda_a\left(u_i\right)\right)}{1 + \exp\left(\Lambda_a\left(u_i\right)\right)}P\left(\Lambda_a\left(u_i\right)\right)P\left(S_i = s \mid u_i = k, S_{i-1} = s'\right)
\end{aligned}
$$

$$\tilde{\gamma}_i^k(\Re_i, s', s) = \exp\left(-\frac{x_i^2 + a_{x,i}^2 (2k-1)^2 + y_i^2 + a_{y,i}^2 (2c_i-1)^2}{2\sigma^2}\right)$$

$$\exp\left(\frac{x_i a_{x,i}(2k-1) + y_i a_{y,i}(2c_i-1)}{\sigma^2} + k\Lambda_a(u_i)\right)$$

$$\frac{P(\Lambda_a(u_i))}{4\pi\sigma^4(1+\exp(\Lambda_a(u_i)))} P(S_i = s \mid u_i = k, S_{i-1} = s'). \qquad (A.2.1)$$

En tenant compte de $(2k-1)^2 = 1$ et $(2c_i-1)^2 = 1$, nous posons

$$\gamma_i^k(\Re_i, s', s) = \exp\left(\frac{x_i a_{x,i}(2k-1) + y_i a_{y,i}(2c_i-1)}{\sigma^2} + k\Lambda_a(u_i)\right)$$

$$P(S_i = s \mid u_i = k, S_{i-1} = s') \qquad (A.2.2)$$

et

$$C_{\gamma_i} = \frac{P(\Lambda_a(u_i))}{4\pi\sigma^4(1+\exp(\Lambda_a(u_i)))} \exp\left(-\frac{x_i^2 + y_i^2 + a_{x,i}^2 + a_{y,i}^2}{2\sigma^2}\right). \qquad (A.2.3)$$

L'équation (A.2.1) devient :

$$\tilde{\gamma}_i^k(\Re_i, s', s) = C_{\gamma_i}\gamma_i^k(\Re_i, s', s). \qquad (A.2.4)$$

Puisque l'expression C_{γ_i} est indépendante de s et de s', alors $\tilde{\gamma}_i^k(\Re_i, s', s)$ est remplacé par $\gamma_i^k(\Re_i, s', s)$ dans l'équation (A.1.18).

De plus, les phases *Forward Recursion et Backward Recursion* peuvent être décrites par :

$$\tilde{\alpha}_i(s) = \sum_{s'=0}^{2^m-1} \sum_{k=0}^{1} \tilde{\alpha}_{i-1}(s')\tilde{\gamma}_i^k(\Re_i, s', s)$$

$$= C_{\gamma_i} \sum_{s'=0}^{2^m-1} \sum_{k=0}^{1} \tilde{\alpha}_{i-1}(s')\gamma_i^k(\Re_i, s', s) \qquad (A.2.5)$$

et

$$\tilde{\beta}_i(s') = \sum_{s=0}^{2^m-1} \sum_{k=0}^{1} \tilde{\beta}_{i+1}(s)\tilde{\gamma}_{i+1}^k(\Re_{i+1}, s', s)$$

$$= C_{\gamma_{i+1}} \sum_{s=0}^{2^m-1} \sum_{k=0}^{1} \tilde{\beta}_{i+1}(s)\gamma_{i+1}^k(\Re_i, s', s). \qquad (A.2.6)$$

Comme l'expression C_{γ_i} est commune pour tous les $\tilde{\alpha}_i(s)$ et les $\tilde{\beta}_i(s')$, $s \in \{0, 1, ..., 2^m - 1\}$, elle doit être simplifiée. Donc, les formes simplifiées de ces deux procédures sont représentées par les deux équations suivantes :

$$\alpha_i(s) = \sum_{s'=0}^{2^m-1} \sum_{k=0}^{1} \alpha_{i-1}(s')\gamma_i^k(\Re_i, s', s) \qquad (A.2.7)$$

et

$$\beta_i(s') = \sum_{s=0}^{2^m-1} \sum_{k=0}^{1} \beta_{i+1}(s)\gamma_{i+1}^k(\Re_i, s', s). \qquad (A.2.8)$$

et l'initialisation est faite par les fonctions suivantes :

$$\alpha_0(s) = \begin{cases} 0 & si \ s = 0, \\ 1 & sinon. \end{cases} \qquad (A.2.9)$$

et

$$\beta_K(s) = \begin{cases} 0 & si \ s = 0, \\ 1 & sinon. \end{cases} \qquad (A.2.10)$$

Ceci est dû au fait que l'état 0 est l'état initial et final.

A chaque instant i,

$$\sum_{s=0}^{2^m-1} \alpha_i(s) = 1 \qquad (A.2.11)$$

et

$$\sum_{s=0}^{2^m-1} \beta_i(s) = 1. \qquad (A.2.12)$$

Afin de conserver toutes les probabilités avec plus ou moins le même ordre de grandeur, un facteur de normalisation, noté *norm*, est utilisé pour avoir une bonne précision numérique en satisfaisant les équations (A.2.11) et (A.2.12).

A.3 Synthèse

L'algorithme *Forward-Backward* permet de calculer de manière exacte les probabilités extrinsèques de chaque bit d'un code convolutif de longueur fermée par retour à l'état 0. Neufs étapes sont nécessaires :

1. Calcul et stockage de la probabilité de chaque transition $\gamma_i^k(\Re_i, s', s)$

Cette étape est fondée sur les entrées (information systématique, information de parité et information *a-priori*) du treillis.

2. Initialisation de la boucle *Forward*

Puisque le treillis commence à l'état 0, la distribution de α_0 est initialisée en utilisant l'équation (A.2.9). Egalement le facteur de normalisation est initialisé ($norm = 1$) avec le temps ($i = 0$).

3. Etape *Forward* $(i \leftarrow i + 1)$

Les $\alpha_i(s)$ sont calculées et stockées en fonction des $\alpha_{i-1}(s)$ et des $\gamma_i^k(\Re_i, s', s)$ en utilisant l'équation :

$$\alpha_i(s) = \frac{1}{norm} \sum_{s'=0}^{2^m-1} \sum_{k=0}^{1} \alpha_{i-1}(s')\gamma_i^k(\Re_i, s', s). \qquad (A.3.1)$$

Le nouveau facteur de normalisation est calculé à partir de l'équation :

$$norm = \sum_{s'=0}^{2^m-1} \sum_{s=0}^{2^m-1} \sum_{k=0}^{1} \alpha_{i-1}(s')\gamma_i^k(\Re_i, s', s). \qquad (A.3.2)$$

Jusqu'ici, c'est la phase « *Forward Recursion* ». La figure A.1 représente le schéma illustratif de cette phase.

4. Boucle *Forward*

L'étape *Forward* est répétée jusqu'à ce que $i = K + 1$. De cette manière les distributions α_i de l'état s sachant le passé avant i sont calculées.

5. Initialisation de la boucle *Backward*

Le treillis étant fermé par retour à l'état 0, la distribution de β_{K+1} est initialisée en utilisant l'équation (A.2.10). Egalement le facteur de normalisation est initialisé ($norm = 1$) avec le temps ($i = K + 1$).

6. Etape *Backward* ($i \leftarrow i - 1$)

Les $\beta_i(s')$ sont calculées et stockées en fonction des $\beta_{i+1}(s)$ et des $\gamma_{i+1}^k(\Re_i, s', s)$.

$$\beta_i(s') = \frac{1}{norm} \sum_{s=0}^{2^m-1} \sum_{k=0}^{1} \beta_{i+1}(s)\gamma_{i+1}^k(\Re_i, s', s). \tag{A.3.3}$$

Le nouveau facteur de normalisation est calculé à l'aide de l'équation :

$$norm = \sum_{s'=0}^{2^m-1} \sum_{s=0}^{2^m-1} \sum_{k=0}^{1} \beta_{i+1}(s)\gamma_{i+1}^k(\Re_i, s', s). \tag{A.3.4}$$

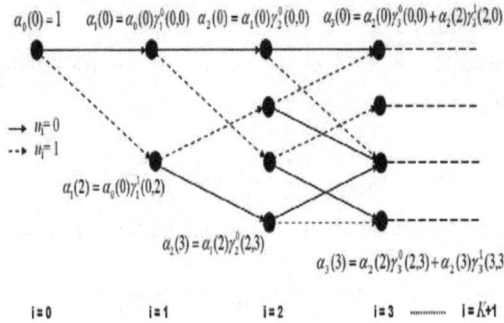

Figure A.1: *Schéma illustratif de la phase « Forward Recursion ».*

7. Boucle Backward

L'étape *Backward* est répétée jusqu'à ce que $i = 0$. Alors, les distributions β_i de l'état s en i sachant le passé après $i + 1$ sont calculées.

A ce stade, la phase nommée « *Backward Recursion* », est terminée. La figure A.2 illustre cette phase.

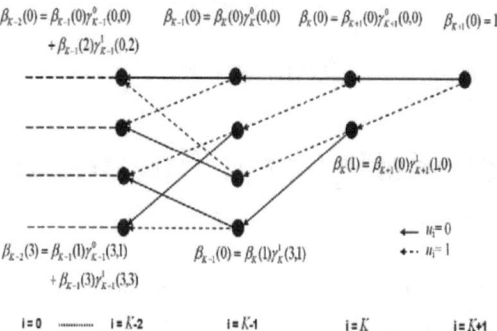

Figure A.2: *Schéma illustratif de la phase « Backward Recursion ».*

8. Calcul d'une probabilité extrinsèque

Pour chaque bit d'information $u_i (i = 1, ..., K)$ correspondant à la transition (s', s), la probabilité extrinsèque est donnée par l'équation :

$$\Lambda_{ex}\left(\hat{u}_i\right) = \ln \frac{\sum\limits_{s'=0}^{2^m-1}\sum\limits_{s=0}^{2^m-1} \alpha_{i-1}(s')\gamma_i^1(\Re_i, s', s)\beta_i(s)}{\sum\limits_{s'=0}^{2^m-1}\sum\limits_{s=0}^{2^m-1} \alpha_{i-1}(s')\gamma_i^0(\Re_i, s', s)\beta_i(s)} - \frac{2}{\sigma^2}\left(a_{x,i}^2\left(2u_i - 1\right) + a_{x,i}\eta_{x,i}\right) - \Lambda_a\left(u_i\right).$$

$$(A.3.5)$$

9. Processus d'arrêt

Le processus s'arrête après un nombre d'itérations fixé *a-priori* et c'est le dernier décodeur qui calcule les valeurs de $\Lambda(\hat{u}_i)$ et décide pour chaque symbole source s'il s'agit d'un '1' ou d'un '0' en fonction du signe de cette grandeur (positif ou négatif).

Annexe B

Caractéristiques d'Encodeur RSC

Les analyses faites dans cette thèse prennent en considération deux Turbo codes dont les générateurs polynômiaux sont (1,7/5,7/5) et (1,5/7,5/7).

Dans cette annexe, nous illustrons les caractéristiques des deux encodeurs RSC (1,7/5) et (1,5/7).

Encodeur RSC (1,7/5)

L'encodeur RSC (1,7/5) est représenté dans la figure 3.3.4. La figure B.1 représente le diagramme d'état correspondant.

En se basant sur ce diagramme, la matrice de transition correspondante est donnée par [75] :

$$B(L, I, D) = \begin{pmatrix} L & LID & 0 & 0 \\ 0 & 0 & LD & LI \\ LID & L & 0 & 0 \\ 0 & 0 & LI & LD \end{pmatrix}. \tag{B.0.1}$$

La fonction de transfert (fonction génératrice) correspondante est donnée par [75] :

$$T(L, I, D) \approx$$
$$\frac{1 - LD - L^2D - L^3(D^2 - I^2)}{1 - L(1+D) + L^3(D + D^2 - I^2 - I^2D^3) - L^4(D^2 - I^2 - I^2D^4 + I^4D^2)}. \tag{B.0.2}$$

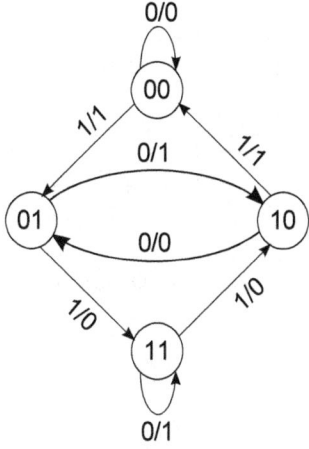

Figure B.1: *Diagramme d'états pour l'encodeur RSC (1,7/5).*

L'équation récursive de $t(l, i, d)$ est exprimée comme suit [75] :

$$
\begin{aligned}
t(l, i, d) = \; & t(l-1, i, d-1) + t(l-1, i, d) + t(l-3, i-2, d-3) + t(l-3, i-2, d) \\
& - t(l-3, i, d-2) - t(l-3, i, d-1) + t(l-4, i-4, d-2) \\
& - t(l-4, i-2, d-4) - t(l-4, i-2, d) + t(l-4, i, d-2) \\
& + \delta(l, i, d) - \delta(l-1, i, d-1) - \delta(l-2, i, d-1) \\
& + \delta(l-3, i, d-2) - \delta(l-3, i-2, d).
\end{aligned}
\tag{B.0.3}
$$

Encodeur RSC (1,5/7)

La figure B.2 représente l'encodeur RSC (1,5/7) et la figure B.3 représente le diagramme d'état correspondant.

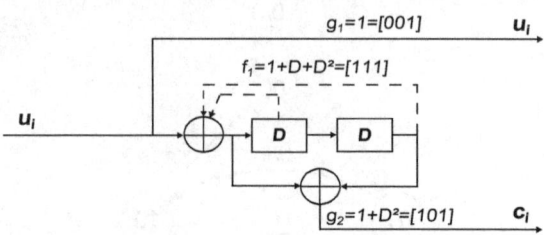

Figure B.2: *Encodeur RSC (1,7).*

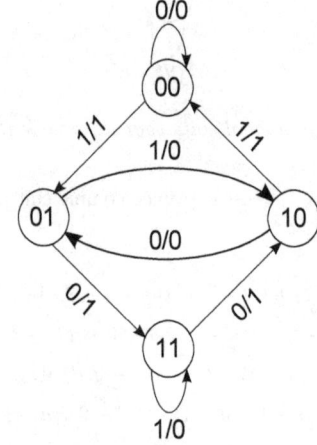

Figure B.3: *Diagramme d'états pour l'encodeur RSC (1,5/7).*

En se basant sur ce diagramme d'état, la matrice de transition correspondante est donnée par [75] :

$$B\left(L,I,D\right)=\begin{pmatrix} L & LID & 0 & 0 \\ 0 & 0 & LI & LD \\ LID & L & 0 & 0 \\ 0 & 0 & LD & LI \end{pmatrix}. \qquad (\text{B.0.4})$$

La fonction de transfert (fonction génératrice) correspondante est donnée par [75] :

$$T(L, I, D) \approx \frac{\det (I - B)}{\det (I - X)}. \tag{B.0.5}$$

$$T(L, I, D) \approx$$
$$\frac{1 - LI - L^2 I - L^3 (D^2 - I^2)}{1 - L(1 + I) - L^3 (D^2 - I - I^2 + I^2 D^3) + L^4 (D^2 - I^2 - I^2 D^4 + I^4 D^2)}. \tag{B.0.6}$$

L'équation récursive de $t(l, i, d)$ est exprimée comme suit [75] :

$$
\begin{aligned}
t(l, i, d) \;=\; & t(l - 1, i - 1, d) + t(l - 1, i, d) + t(l - 3, i - 3, d - 2) - t(l - 3, i - 2, d) \\
& - t(l - 3, i - 1, d) + t(l - 3, i, d - 2) - t(l - 4, i - 4, d - 2) \\
& + t(l - 4, i - 2, d - 4) + t(l - 4, i - 2, d) - t(l - 4, i, d - 2) \\
& + \delta(l, i, d) - \delta(l - 1, i - 1, d) - \delta(l - 2, i - 1, d) \\
& - \delta(l - 3, i, d - 2) - \delta(l - 3, i - 2, d).
\end{aligned} \tag{B.0.7}
$$

Bibliographie

[1] H. Ben Chikha, A. Makhlouf, and W. Ghazel, "Performance analysis of AODV and DSR routing protocols for IEEE 802.15.4/ZigBee," *International Conference on Communications, Computing and Control Applications (CCCA'11)*. Hammamet, Tunisia, March 3-5 2011.

[2] V. Tarokh, N. Seshadri, and A. R. Calderbank, "Space-time codes for high data rate wireless communications : performance criterion and code construction," *IEEE Trans. on Inform. Theory*. vol. 44, no. 2, pp. 744-765, Mar. 1998.

[3] A. R. Calderbank, "The art of signaling : Fifty years of coding theory," *IEEE Trans. on Inform. Theory*. vol. 44, no. 6, pp. 2561-2595, October 1998.

[4] S. Verdu, "Wireless bandwidth in the making," *IEEE Commun. Mag.* vol. 38, no. 7, pp. 53-58, July 2000.

[5] A. F. Naguib, N. Seshadri, and A. R. Calderbank, "Increasing data rate over wireless channels," *IEEE Signal Processing Mag.* vol. 17, no. 3, pp. 76-92, May 2000.

[6] W. C. Jakes, *Microwave Mobile Communication*. 2nd ed. Piscataway, NJ : IEEE Press, 1994.

[7] G. Foschini, "Layered space-time architecture for wireless communication in a fading environment when using multi-element antennas," *Bell Labs Technical Journal*. vol. 1, no. 2, pp. 41-59, 1996.

[8] I. E. Telatar, "Capacity of multi-antenna Gaussian channels," *Europ. Trans. Telecommun.* vol. 10, no. 6, pp. 585-595, Nov. 1999.

[9] G. Foschini and M. Gans, "On limits of wireless communications in a fading environment when using multiple antennas," *Wireless Personal Commun.* vol. 6, no. 3, pp. 311-335, Mar. 1998.

[10] S. M. Alamouti, "A simple transmit diversity technique for wireless communications," *IEEE J. on Selected Areas in Commun.* vol. 16, no. 8, pp.1451—1458, Oct. 1998.

[11] E. Biglieri, J. Proakis, and S. Shamai, "Fading channels : Information-theoretic and communications aspects," *IEEE Trans. on Inform. Theory.* vol. 44, no. 6, pp. 2619-2692, October 1998.

[12] V. Tarokh, H. Jafarkhani, and A. R. Calderbank, "Space-time block codes from orthogonal designs," *IEEE Trans. on Inform. Theory.* vol. 45, no. 5, pp. 1456—1467, July 1999.

[13] S. Baro, G. Bauch, and A. Hansmann, "Improved codes for space-time trellis coded modulation," *IEEE Commun. Lett.* vol. 4, no. 1, pp. 20-22, Jan. 2000.

[14] A. Baro, E. Erkip, and B. Aazhang, "User cooperation diversity, Part I : System description," *IEEE Trans. on Commun.* vol. 51, no. 11, pp. 1927-1938, Nov. 2003.

[15] A. Sendonaris, E. Erkip, and B. Aazhang, "User cooperation diversity, Part II : Implementation aspects and performance analysis," *IEEE Trans. on Commun.* vol. 51, no. 11, pp. 1939-1948, Nov. 2003.

[16] R. U. Nabar and H. Bolcskei, "Fading relay channels : Performance limits and space-time signal design," *IEEE J. on Selected Areas in Commun.* vol. 22, no. 6, pp. 1099-1109, Aug. 2004.

[17] J. N. Laneman, D. N. C. Tse, and G. W. Wornell, "Cooperative diversity in wireless networks : Efficient protocols and outage behavior," *IEEE Trans. on Inform. Theory.* vol. 50, no. 12, pp. 3062-3080, Dec. 2004.

[18] R. U. Nabar and H. Bolcskei, "Space-time signal design for fading relay channels," *IEEE GLOBECOM.* vol. 4, San Francisco, CA, pp. 1952-1956, Dec. 2003.

[19] C. Wang, J. S. Thompson, Y. Fan, and H. V. Poor, "On the diversity multiplexing tradeoff of concurrent decode-and-forward relaying," *in Proc. IEEE Wireless Communications and Networking Conference (WCNC).* pp. 582-587, 2008.

[20] C. Wang, J. S. Thompson, Y. Fan, and H. V. Poor, "Cooperative relaying in multi-antenna fixed relay networks," *IEEE Trans. on Wireless Commun.* vol. 6, no.2, pp. 533-544, Feb. 2007.

[21] K. Ho-Van and T. Le-Ngoc, "Bandwidth-efficient cooperative relaying schemes with multi-antenna relay," *EURASIP Journal on Advances in Signal Processing.* Volume 2008, Article ID 683105, 11 pages doi : 10.1155/2008/683105.

[22] H. Ben Chikha, S. Chaoui, I. Dayoub, J.-M. Rouvaen, and R. Attia, "A parallel concatenated convolutional-based distributed coded cooperation scheme for relay channels," *Wireless Personal Commun.* published online, Nov. 2011.

[23] H. Ben Chikha, I. Dayoub, S. Chaoui, and R. Attia, "An upper bound of soft decode and forward relaying over Rayleigh fading channels," *European Conference of Commun. (ECCOM'11).* Puerto De La Cruz, Tenerife, December 10-12, 2011.

[24] H. Ben Chikha, I. Dayoub, and R. Attia, "Antenna/soft-relaying selection for distributed turbo coded MIMO networks," *IEEE Trans. Veh. Techn.* soumis.

[25] A. F. Dana and B. Hassibi, "On the power efficiency of sensory and ad hoc wireless networks," *IEEE Trans. on Inform. Theory.* vol. 52, no. 7, pp. 2890-2914, July 2006.

[26] J. N. Laneman and G. W. Wornell, "Distributed space-time-coded protocols for exploiting cooperative diversity in wireless network," *IEEE Trans. on Inform. Theory.* vol. 49, no. 10, pp. 2415-2425, Oct. 2003.

[27] J. N. Laneman and G. W. Wornell, "Energy-efficient antenna sharing and relaying for wireless networks," *IEEE Wireless Commun. and Networking Conf.* vol.1, Chicago, IL, pp. 7-12, Sep. 2000.

[28] M. O. Hasna and M. S. Alouini, "A performance study of dual-hop transmissions with fixed gain relays," *IEEE Trans. on Wireless Commun.* vol. 3, no. 6, pp. 1963-1968, Nov. 2004.

[29] A. Ribeiro, X. Cai, and G. B. Giannakis, "Symbol error probabilities for general cooperative links," *IEEE Trans. on Wireless Commun.* vol. 4, no. 3, pp. 1264-1273, May 2005.

[30] B. Zhao and M. C. Valenti, "Distributed turbo coded diversity for the relay channel," *IEEE Electronics Letters.* vol. 39, no. 10, pp. 786-787, May 2003.

[31] R. Liu, P. Spasojevic, and E. Soljanin, "Punctured turbo code ensembles," *IEEE Information Theory Workshop (ITW) Conf.* Paris, France, pp. 249-252, Mar. 2003.

[32] M. Janani, A. Hedayat, T. E. Hunter, and A. Norsatinia, "Coded cooperation in wireless communications : Space-time transmission and iterative decoding," *IEEE Trans. on Signal Processing.* vol. 52, no. 2, pp. 362-371, Feb. 2004.

[33] A. Wittneben, "A new bandwidth efficient transmit antenna modulation diversity scheme for linear digital modulation," *IEEE International Conf. Comm. (ICC93).* vol. 3, pp. 1630-1634, May 1993.

[34] M. C. Thomas and J. A. Thomas, *Elements of Information Theory.* Wiley and Sons, Inc., New York, 1991.

[35] E. C. van der Meulen, "Three-terminal communication channels," *Advances in Applied Probability.* vol.3, no. 1, pp. 120-154, 1971.

[36] E. C. van der Meulen, *Transmission of Information in a T-Terminal Discrete Memoryless Channel.* Thèse, Department of Statistics, University of California, Berkeley, CA, 1968.

[37] T. M. Cover and A. A. El Gamal, "Capacity theorems for the relay channel," *IEEE Trans. on Inform. Theory.* vol. 25, no. 5, pp. 572-584, Sep. 1979.

[38] B. Schein and A. R. Gallager, "The Gaussian parallel relay network," *IEEE Int. Symp. Inform. Theory (ISIT).* Sorrento, Italy, page 22, June 2000.

[39] T. Hunter and A. Nosratinia, "Cooperation diversity through coding," *IEEE Int. Symp. Inform. Theory (ISIT).* Lausanne, Switzerland, page 220, Jun. 2002.

[40] R. Liu, P. Spasojevic, and E. Soljanin, "User cooperation with punctured turbo codes," *in Proc. 41st Allerton Conf. Commun. Control, Comput., Monticello, IL.* Monticello, IL, Oct. 2003.

[41] A. Stefanov and E. Erkip, "Cooperative coding for wireless networks," *IEEE Trans. on Commun.* vol. 52, no. 9, pp. 1470-1476, Sep. 2004.

[42] R. Knopp and P. A. Humblet, "On coding for block fading channels," *IEEE Trans. on Inform. Theory.* vol. 46, no. 1, pp. 189-205, Jan. 2000.

[43] A. Stefanov and E. Erkip, "Cooperative space-time coding for wireless networks," *IEEE Trans. on Commun.* vol. 53, no. 11, pp. 1804-1809, Nov. 2005.

[44] T. E. Hunter and A. Nosratinia, "Diversity through coded cooperation," *IEEE Trans. on Wireless Commun.* vol. 5, no. 2, pp. 283-289, Feb. 2006.

[45] T. E. Hunter and A. Nosratinia, "Performance analysis of coded cooperation diversity," *ICC 2003*. vol. 4, pp. 2688-2692, 11-15 May 2003.

[46] G. L. Erik and R. V. Branimir, "Cooperation transmit diversity based on superposition modulation," *IEEE Commun. Letters*. vol. 9, no. 9, pp. 778-780, Sep. 2005.

[47] L. Xiao, T. E. Fuja, and D. J. Costello, "A network coding approach to cooperative diversity," *IEEE Trans. on Inform. Theory*. vol. 53, no. 10, pp. 3714-3722, Oct. 2007.

[48] M. Elfituri, W. Hamouda, and A. Ghrayeb, "A convolutional-based distributed coded cooperation scheme for relay channels," *IEEE Trans. Veh. Techn*. vol. 58, no.2, pp. 655-669, Feb. 2009.

[49] J. Hagenauer, "Rate-compatible punctured convolutional codes (RCPC codes) and their applications," *IEEE Trans. on Commun*. vol. 36, no. 4, pp. 389–400, Apr 1988.

[50] M. Valenti and B. Zhao, "Rate distributed turbo codes : Towards the capacity of the relay channel," *in Proc. IEEE Vehicular Technology Conference (VTC) 2003-Fall*. vol. 1, pp. 322–326, Oct. 2003.

[51] Z. Zhang and T. Duman, "Capacity-approaching turbo coding and iterative decoding for relay channels," *IEEE Transactions on Commun*. vol. 53, no. 11 pp. 1895–1905, Nov. 2005.

[52] Z. Zhang and T. Duman, "Capacity-approaching turbo coding for half-duplex relaying," *IEEE Transactions on Commun*. vol. 55, no. 10, pp. 1895–1906, Oct. 2007.

[53] H. H. Sneessens and L. Vandendorpe, "Soft decode and forward improves cooperative communications," *in Proc. IEEE 3G and Beyond*. London, United Kingdom, Nov. 2005.

[54] Y. Li, B. Vucetic, T. F. Wong, and M. Dohler, "Distributed turbo coding with soft information relaying in multihop relay networks," *IEEE J. on Selected Areas in Commun*. vol. 24, no. 11, pp. 2040–2050, 2006.

[55] H. R. Qi, Y. and R. Tafazolli, "Performance evaluation of soft decode-and-forward in fading relay channels," *in Proc. IEEE VTC Spring*. pp. 1286 - 1290, May 2008.

[56] T. M. Duman and A. Ghrayeb, *Coding for MIMO Communication Systems.* , John Wiley and Sons, Ltd, 2007.

[57] X. Zeng and A. Ghrayeb, "Performance bounds for space-time block codes with antenna selection," *IEEE Trans. on Inform. Theory.* vol. 50, no. 9, pp. 2130—2137 Sept. 2004.

[58] W. Hamouda and A. Ghrayeb, "Performance of combined channel coding and space-time block coding systems with antenna selection," *in Proc. IEEE VTC.* Milan, Italy, vol. 2, pp. 623-627, May 2004.

[59] D. A. Gore and A. Paulraj, "MIMO antenna subset selection with space-time coding," *IEEE Trans. Signal Proc.* vol. 50, no. 10, pp. 2580—2588, Oct. 2002.

[60] C. Zhuo, Y. Jinhong, B. Vucetic, and Z. Zhendong, "Performance of Alamouti scheme with transmit antenna selection," *IEEE Electron. Lett.* vol. 39, no. 23, pp. 1666—1668, Nov. 2003.

[61] M. Elfituri, A. Ghrayeb, and W. Hamouda, "Antenna/relay selection for coded cooperative networks," *in Proc. IEEE ICC.* Beijing, China, pp. 840-844, May 2008.

[62] M. Elfituri, A. Ghrayeb, and W. Hamouda, "Antenna/relay selection for coded cooperative networks with AF relaying," *IEEE Trans.on Commun.* vol. 57, no. 9, pp. 2580-2584, Sep. 2009.

[63] C. Schlegel and L. Perez, "Trellis and Turbo Coding," *IEEE Press.* 2002.

[64] A. Burr, "Turbo-codes : the ultimate error control codes," *Electronics and Communication Engineering Journal.* August 2001.

[65] J. L. Ramsey, "Realization of optimum interleavers," *IEEE Trans. on Inform.Theory.* vol. 16, p.338-345, May 1970.

[66] C. Berrou, A. Glavieux, and P. Thitimajshima, "Near Shannon limit error-correcting and decoding : Turbo-codes," *in Proc International Conference on Commun.* Geneva, 1993, p. 1064-1070.

[67] A. S. Barbulescu and S. S. Pietrobon, "Interleaver design for turbo codes," *Electr. Letters.* December 1994.

[68] S. Benedetto and G. Montorsi, "Design of parallel concatenated convolutional codes," *IEEE. Trans. on Commun.* vol. 44, no. 5, p. 591-600, May 1996.

[69] B. Sklar, "A primer on turbo code concepts," *IEEE Commun. Magazine.* December 1997.

[70] S. Benedetto, D. Divsalar, G. Montorsi, and F. Pollara, "Serial concatenation of interleaved codes : performance analysis, design and iterative decoding," *IEEE Trans. on Inform. Theory.* vol. 44, no. 3, p. 909-926, May 1998.

[71] L. R. Bahl, J. Cocke, F. Jelinek, and J. Raviv, "Optimal decoding of linear codes for minimizing symbol error rate," *IEEE Trans. on Inform. Theory.* vol. 20, pp. 284-287, Mars 1974.

[72] S. Chaoui and H. Ben Chikha, "Etude et résultats du comportement de convergence des codes turbo systématiques et partiellement systématiques," *Conférence internationale SETIT.* Hammamet, Tunisie, 25-29 Mars 2007.

[73] S. Benedetto and G. Montorsi, "Unveiling turbo codes : Some results on parallel concatenated coding schemes," *IEEE Trans. on Inform. Theory.* Vol. 42, pp. 409-429, March 1996.

[74] S. Benedetto and G. Montorsi, "Design of parallel concatenated convolutional codes," *IEEE Trans. on Commun.* Vol. 44, No. 5, pp. 591-600, May 1996.

[75] D. Divsalar, S. Dolinar, R. McEliece, and F. Pollar, "Transfer function bounds on the performance of turbo codes," *JPL TDA Progress Report.* Vol. 42, pp. 44-55, August 1995.

[76] E. K. Hall and S. G. Wilson, "Design and analysis of turbo codes on Rayleigh fading channels," *IEEE J. Select. Areas in Commun.* vol. 16, pp. 160-174, Feb. 1998.

[77] J. Craig, "A new, simple and exact result for calculating probability for two dimensional signal constellations," *in Proc. IEEE MILCOM.* pp. 25.5.1-25.5.5,1991.

[78] E. A. Ince, N. S. Kambo, and S. A. Ali, "Efficient expression and bound for pairwise error probability in Rayleigh fading channels, with application to union bounds for turbo codes," *IEEE Commun. Lett.* vol. 9, no. 1, pp. 25-27, Jan. 2005.

[79] S. ten Brink, "Convergence behavior of iteratively decoded parallel concatenated codes," *IEEE Trans. on Commun.* vol. 49, no. 10, pp. 1727-1737, Oct. 2001.

[80] Z. Ting, W. Fang, X. Jing, and J. Lilleberg, "Soft symbol estimation and forward scheme for cooperative relaying," *International Symp. on Personal Indoor and Mobile Radio Commun.* 13-16 Sep. 2009.

[81] J. Hagenauer, P. Robertson, and L. Papke, "Iterative ('Turbo') decoding of systematic convolutional codes with the MAP and SOVA algorithms," *in Proc. ITG Conference on Source and Channel Coding.* Munich, 1994, pp. 1-9.

[82] P. Rusmevichientong and B. Van Roy, "An analyzis of belief propagation on the turbo decoding graph with Gaussian densities," *IEEE Trans. on Inform. Theory.* vol. 47, no. 2, pp. 745-765, Feb. 2001.

Zeitfracht Medien GmbH
Ferdinand-Jühlke-Straße 7
99095 Erfurt, Deutschland
produktsicherheit@kolibri360.de

Druck:
CPI Druckdienstleistungen GmbH
im Auftrag der
Zeitfracht Medien GmbH
Ein Unternehmen der Zeitfracht - Gruppe
Ferdinand-Jühlke-Str. 7
99095 Erfurt